좋은 평면

나란히 놓고 비교하는

나쁜 평면

더 하우스 엮음 | 박승희 옮김

마티

Contents >

Contents >

001

외부 공간을
쾌적하게
활용하는
L자 플랜

프라이버시 확보를 위해 높은 울타리 역할을 하는 가시나무로 주변을 둘러쌌다. 도로 쪽 소음을 막기 위해 L자로 플래닝하고 아우터 룸(outer room)을 중심으로 각 방을 배치했다. 개와 아이가 안팎을 뛰어다니며 아우터 룸에서 언제든지 야외를 즐긴다.

현관에서 스킵업해 거실로, 그리고 부엌과 식당으로 이어진다. 이 보이드 공간 안에 다양한 장치가 숨어 있어 집의 공간적인 요소를 이룬다.

제반 조건
가족 구성: 부부 + 아이 1명 + 개
부지 조건: 면적 261.86m²
　　　　　건폐율 40% 용적률 80%
　　　　　16 × 16.5m의 정사각형. 한적한 주택가이지만 앞쪽 도로의 교통량이 많다. 남동 방향으로 경사

건축주의 요구 사항
- 주위 환경을 활용하는 집을 짓고 싶다
- 개방적이면서도 사생활을 보호할 수 있어야 한다
- 가족과 강아지가 함께 편히 생활할 수 있을 것

✕ 기본적인 직사각형으로 안팎이 분리

공간감이 없다
현관 및 계단실과 LDK 사이에 놓인 벽 때문에 공간이 좁게 느껴진다.

아까운 방
손님이 묵지 않을 때 달리 쓸 용도가 없다.

시야를 가릴 수도
파고라(pergola)가 거실과 식당의 시야를 가린다.

일체감이 떨어진다
거실의 안쪽이 너무 깊어서 아우터 룸과 접근성이 떨어진다. 이 배치는 오후에 햇볕이 안쪽까지 들어오지 못하는 데다 인접지 경계선까지의 거리도 짧아 안정적이지 못하다.

시끄럽지 않을까?
아우터 룸과 도로 사이에 나무울타리만 있어 차량 소음이 직접적으로 들릴 것이다.

바로 앞이 도로
현관문을 열면 바로 눈앞에 도로가 있고, 현관의 폭이 좁아 여유롭지 못하다.

아우터 룸　거실　　욕실　손님방　보이드
　　　　　　　　아이방
　식당　부엌　　서재　　　보이드
　창고　　　　　침실

1F　1:300
2F　1:300

관계성 부족
현관에서 곧장 계단으로 올라가기 때문에 가족이 드나듦을 쉬이 알 수 없다. 피아노의 위치 또한 거실과 동떨어져 외롭다.

고립될 우려
아이방이 고립될 가능성이 있다.

차고　현관

BF
1:300

전면 도로

둘러싸는 형태의 건물로 외부 공간을 활용

2F
1:250

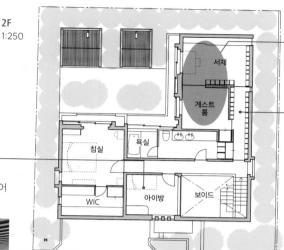

서재

게스트 룸

침실

욕실

WIC

아이방

보이드

범용성
손님이 오지 않을 때는 전체를 서재로 넓게 쓸 수 있다.

광활한 수납 공간
복도 양쪽에 책장을 만들어 많은 책을 수납할 수 있다.

출입을 쉽게 알 수 있다
아이방의 보이드 쪽을 유리로 만들어 아래층의 인기척을 느낄 수 있으며 고립되어 있지 않다.

L자의 가치
L자 형태로 아우터 룸과 건물에 일체감이 생기고 파고라와 거실, 식당과의 관계도 각각 시선을 방해하지 않으면서 쾌적한 공간이 되었다. 또한 인접지와 건물 사이의 간격도 멀어진다.

아우터 룸

거실

피아노

창고

식당

부엌

보이드

단조롭지 않게
원룸 형태의 1층 내부 공간이 L자로 크게 휘어져 있어 단조롭지 않고 중간에 놓인 스킵 플로어로 거실과 부엌의 안쪽까지 공간감이 느껴진다. 남동쪽과 남서쪽 개구부로 종일 햇빛이 들어온다.

1F
1:250

상 계단 층계참에서 본 식당 및 거실.
중 아우터 룸에 2개의 파고라를 설치해 야외 생활을 즐길 수 있다.
하 부엌에서 본 현관 보이드와 거실. 보이드로 아이방까지 넓어 보인다.

건물로 막다
아우터 룸과 도로 사이에 L자 건물을 두어 소음을 막으면서 사생활을 지킨다.

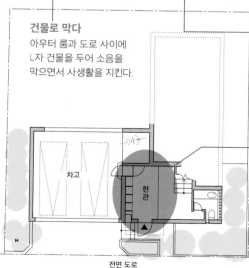

차고

현관

어디든 닿는 눈길
부엌, 식당, 거실에서 계단이 잘 보이기 때문에 아이가 오가는 모습을 놓치지 않는다. 피아노 위치도 가족의 휴식 공간과 가깝다.

여유로운 현관
폭을 넓게 잡아 여유로운 현관이다. 현관문을 열면 울창한 나무들이 눈에 들어와 마음이 차분해진다.

BF
1:250

전면 도로

부지 면적 261.86m²
연면적 238.85m²

땅의 조건 | 가변성 | 채광 | 타인과의 관계 | 차경 | 동선 | 손님 | 프라이버시 | 수납 | 특수한 방 | 다세대 | 임대

09

002

사각의 뜰과
빛이 가득한
도시 주택

주변이 건물로 둘러싸인 깃대 모양의 부지. 완충지대를 만들기 위해 일부러 부지 중심에 건물을 배치했다. 인근 건물이 그늘지는 상황을 조사한 후 영향이 적은 장소에 보이드와 천장이 높은 공간을 배치함으로써 건물 안쪽까지 햇볕을 끌어들였다.

방과 정원을 하나로 연결시켜, 비록 넓지는 않지만 방마다 서로 다른 야외 풍경을 즐길 수 있다. 스킵 플로어에 입체적인 회유성을 더해 미로 같은 분위기도 즐길 수 있다.

제반 조건
가족 구성: 부부 + 아이 2명
부지 조건: 부지 면적 196.37m²
　　　　　건폐율 50% 용적률 100%
　　　　　한적한 주택가에 있으며 사방이 건물로 둘러싸인
　　　　　깃대 모양의 부지

건축주의 요구 사항
• 지진에 강한 튼튼한 집
• 아이들이 스스로 일상을 해낼 수 있도록 격려하는 평면
• 편하게 쉴 수 있는 공간과 진지하게 몰입할 수 있는 공간

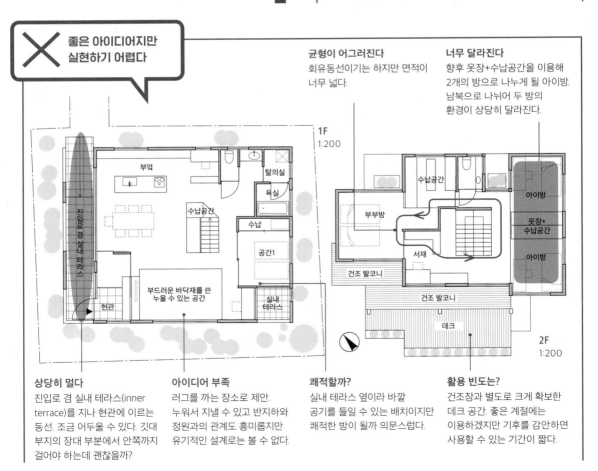

✕ 좋은 아이디어지만 실현하기 어렵다

균형이 어그러진다
회유동선이기는 하지만 면적이 너무 넓다.

너무 달라진다
향후 옷장+수납공간을 이용해 2개의 방으로 나누게 될 아이방. 남북으로 나뉘어 두 방의 환경이 상당히 달라진다.

1F
1:200

부엌 / 탈의실 / 욕실 / 수납공간 / 수납 / 진입로 겸 실내 테라스 / 공간1 / 부드러운 바닥재를 쓴 누울 수 있는 공간 / 현관 / 실내 테라스

수납공간 / 부부방 / 서재 / 아이방 / 옷장+수납공간 / 아이방 / 건조 발코니 / 건조 발코니 / 데크

2F
1:200

상당히 멀다
진입로 겸 실내 테라스(inner terrace)를 지나 현관에 이르는 동선. 조금 어두울 수 있다. 깃대 부지의 장대 부분에서 안쪽까지 걸어야 하는데 괜찮을까?

아이디어 부족
러그를 까는 장소로 제안. 누워서 지낼 수 있고 반지하와 정원과의 관계도 흥미롭지만 유기적인 설계로는 볼 수 없다.

쾌적할까?
실내 테라스 옆이라 바깥 공기를 들일 수 있는 배치이지만 쾌적한 방이 될까 의문스럽다.

활용 빈도는?
건조장과 별도로 크게 확보한 데크 공간. 좋은 계절에는 이용하겠지만 기후를 감안하면 사용할 수 있는 기간이 짧다.

입체적이면서 즐거운 아이디어

좌 1층 식당. 황량한 분위기의 양쪽 벽이 위엄 있게 가라앉히며 조용하고 평화로운 공간을 만든다.
우 좌식 공간에서 본 보이드.

가족 모두가 사용
온 가족이 사용하는
커다란 WIC. 부부방에서도
아이방에서도 비슷한 거리.

이동을 즐겁게
진행 방향을 도중에 여러 차례
선택할 수 있는 재미있는 계단.

빛을 골고루
주변 건물들의 영향을 받지
않는 장소를 골라 빛을
끌어들이는 라이트월(light
wall)을 설치한다. 빛은 2층
아이방과 계단 주변, 1층의 '좌식
공간'으로도 들어온다.

차분한 서재
북쪽의 조용한 위치에 서재를
배치했다. 창밖으로 이웃집
나무를 차경.

선룸으로 가리다
부부방 앞에 선룸을 설치.
선룸은 실내 건조 공간이면서
부부 침실과 외부를 분리하는
완충 역할을 한다.

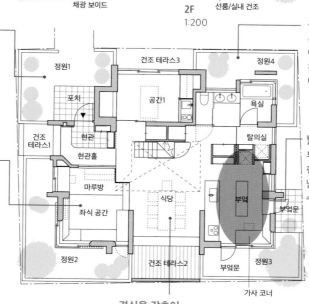

2F
1:200

WIC · 서재 · 홀 · 아이방1 · 채광 보이드 · 부부방 · 아이방2 · 건조 발코니 · 채광홀 · 채광 보이드 · 선룸/실내 건조

안심할 수 있는 공간
깃대 부지의 장대 부분을
지나쳐 들어와 건물 앞에
도착하면 하나의 세계가
펼쳐진다. 도로, 장대 부분의
진입로, 포치에 이르기까지
단계적으로 깊숙이 들어오게
된다.

지면과 가까운 안정감
누워 쉴 수 있는 방으로, 바닥
높이를 낮춰 지면에 가깝게
만들었다. 바닥을 낮춤으로써
천장고가 확보되었고 거실과는
또다른 편안한 휴식처가 되었다.
붙박이 소파를 마련했다.

욕실 정원
욕실 바깥쪽에 녹색 정원을
만들어 욕실에서 즐긴다. 이
정원을 통해 세면실과 화장실로
빛이 들어온다.

밝게, 편리하게
부엌을 뒤쪽의 가사 코너 및
팬트리와 한 공간으로 만든다.
남쪽의 빛과 금목서 향을 즐길
수 있는 편리한 '방'이 된다.

정원1 · 건조 테라스3 · 정원4 · 포치 · 공간1 · 욕실 · 건조 테라스1 · 현관 · 탈의실 · 현관홀 · 마루방 · 식당 · 부엌 · 부엌문 · 좌식 공간 · 정원2 · 건조 테라스2 · 부엌문 · 정원3 · 가사 코너

1F
1:200

격식을 갖추어
양옆의 콘크리트 벽이 저절로 허리를 펴게 만드는
오피셜한 식당. 부지 경계선 위에 담장을 세워 이웃집의
존재가 느껴지지 않는 조용하고 평화로운 공간.

부지 면적 196.37m²
연면적 171.43m²

003

보이드를 다양하게 활용, 기능적이고 친환경적으로

도시 주택은 거리의 빈 공간을 어떻게 활용하는가가 핵심이다. 그 활용도에 따라 생활의 질을 높일 수 있다.

여기서는 비교적 반듯한 부지 안에서 건물을 도로 쪽으로 약간 틀었다. 이로 인해 진입로에 안길이가 생기고 북서쪽 정원이 넓어져 다양한 변화를 연출할 수 있게 되었다. 내부는 2층 LDK과 1층의 넓은 홀을 나선형 계단과 보이드로 연결해 전체를 하나로 모았다.

제반 조건

가족 구성: 2명
부지 조건: 부지 면적 100.03m²
　　　　　　 건폐율 50% 용적률 150%
　　　　　　 한적한 주택가, 세 방향이 이웃집에 둘러싸여 있다

건축주의 요구 사항

• 마음껏 피아노 연주를
• 가드닝을 적극적으로 즐길 수 있도록
• 빛과 바람을 잘 이용하되 단열을 확실히
• 자연 소재의 질감을 선호

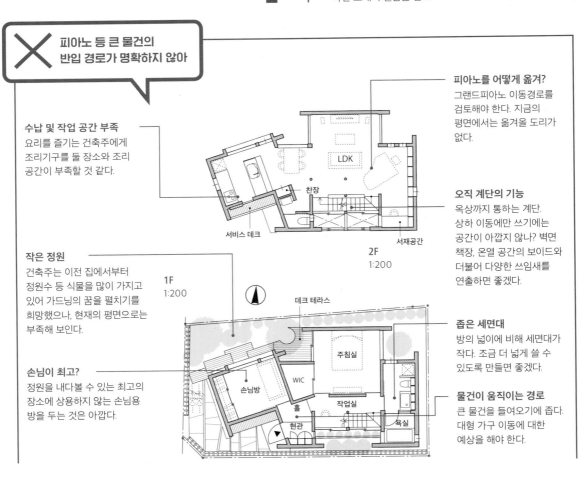

✕ 피아노 등 큰 물건의 반입 경로가 명확하지 않아

수납 및 작업 공간 부족
요리를 즐기는 건축주에게 조리기구를 둘 장소와 조리 공간이 부족할 것 같다.

서비스 데크

작은 정원
건축주는 이전 집에서부터 정원수 등 식물을 많이 가지고 있어 가드닝의 꿈을 펼치기를 희망했으나, 현재의 평면으로는 부족해 보인다.

1F
1:200

손님이 최고?
정원을 내다볼 수 있는 최고의 장소에 상용하지 않는 손님용 방을 두는 것은 아깝다.

피아노를 어떻게 옮겨?
그랜드피아노 이동경로를 검토해야 한다. 지금의 평면에서는 옮겨올 도리가 없다.

LDK
찬장
서재공간

2F
1:200

오직 계단의 기능
옥상까지 통하는 계단. 상하 이동에만 쓰기에는 공간이 아깝지 않나? 벽면 책장, 온열 공간의 보이드와 더불어 다양한 쓰임새를 연출하면 좋겠다.

데크 테라스

주침실
WIC
손님방
작업실
홀
현관
욕실

좁은 세면대
방의 넓이에 비해 세면대가 작다. 조금 더 넓게 쓸 수 있도록 만들면 좋겠다.

물건이 움직이는 경로
큰 물건을 들여오기에 좁다. 대형 가구 이동에 대한 예상을 해야 한다.

보이드를 활용해
리듬감과 공간감을 확보

좌 1석 4조의 보이드. 실용성과 함께 물 흐르듯 디자인된 나선 계단이 건물의 악센트가 되어준다.
우 2층 LDK. 각도를 틀어 실제보다 넓은 공간감을 얻었다.

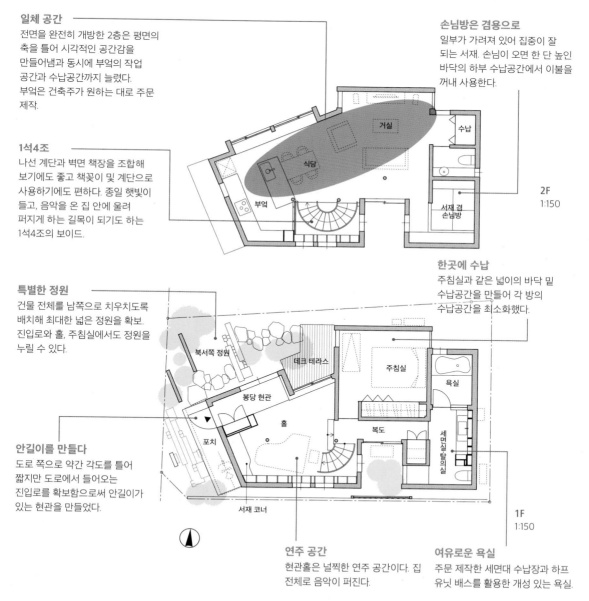

일체 공간
전면을 완전히 개방한 2층은 평면의 축을 틀어 시각적인 공간감을 만들어냄과 동시에 부엌의 작업 공간과 수납공간까지 늘렸다. 부엌은 건축주가 원하는 대로 주문 제작.

1석4조
나선 계단과 벽면 책장을 조합해 보기에도 좋고 책꽂이 및 계단으로 사용하기에도 편하다. 종일 햇빛이 들고, 음악을 온 집 안에 울려 퍼지게 하는 길목이 되기도 하는 1석4조의 보이드.

손님방은 겸용으로
일부가 가려져 있어 집중이 잘 되는 서재. 손님이 오면 한 단 높은 바닥의 하부 수납공간에서 이불을 꺼내 사용한다.

거실
수납
식당
부엌
서재 겸 손님방

2F
1:150

특별한 정원
건물 전체를 남쪽으로 치우치도록 배치해 최대한 넓은 정원을 확보. 진입로와 홀, 주침실에서도 정원을 누릴 수 있다.

한곳에 수납
주침실과 같은 넓이의 바닥 밑 수납공간을 만들어 각 방의 수납공간을 최소화했다.

북서쪽 정원
데크 테라스
주침실
봉당 현관
욕실
홀
복도
포치
세면실 탈의실
서재 코너

안길이를 만들다
도로 쪽으로 약간 각도를 틀어 짧지만 도로에서 들어오는 진입로를 확보함으로써 안길이가 있는 현관을 만들었다.

연주 공간
현관홀은 널찍한 연주 공간이다. 집 전체로 음악이 퍼진다.

여유로운 욕실
주문 제작한 세면대 수납장과 하프 유닛 배스를 활용한 개성 있는 욕실.

1F
1:150

부지 면적 100.03m²
연면적 96.27m²

땅의 조건
가변성
채광
타인과의 관계
차경
동선
손님
프라이버시
수납
특수한 방
다세대
임대

004

생활의 중심은 2층, 정원과 나무를 만끽하는 집

작은 땅에 지은 5인 가족의 집. 일조량을 고려해 거실을 2층에 만들었다. '방에서도 나무를 바라보고 싶다'는 요청에 응해 2층 LDK 어디서든 중정에 심은 쇠물푸레나무를 볼 수 있도록 했다.

넓은 발코니에서 나무를 감상하며 아웃도어 생활을 누릴 수 있다. 쓸데없는 복도 등을 최대한 줄였고, 2층 거실을 중심으로 가족의 인기척을 느낄 수 있는 즐거운 집이다.

제반 조건
가족 구성: 부부 + 아이 3명
부지 조건: 부지 면적 65.47m²
　　　　　건폐율 60% 용적률 160%
　　　　　정면 폭이 6m가 채 안 되는 직사각형의 부지

건축주의 요구 사항
- 아이방 3개를 확보
- 온 가족의 인기척을 느낄 수 있도록
- 문은 되도록 미닫이로
- 방에서 나무들을 바라볼 수 있도록
- 바비큐를 할 수 있는 옥외 장소가 있었으면

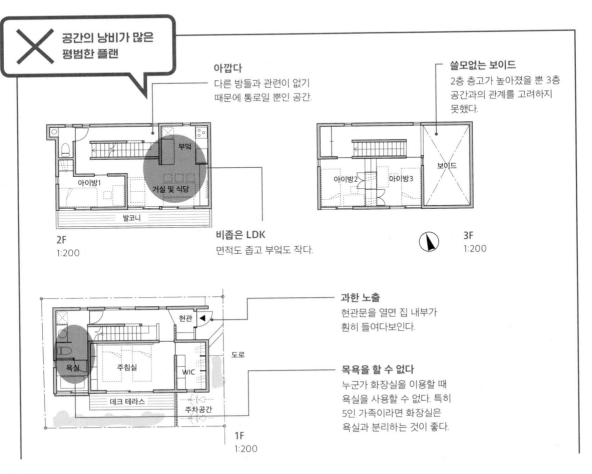

✕ 공간의 낭비가 많은 평범한 플랜

아깝다
다른 방들과 관련이 없기 때문에 통로일 뿐인 공간.

쓸모없는 보이드
2층 층고가 높아졌을 뿐 3층 공간과의 관계를 고려하지 못했다.

2F
1:200

비좁은 LDK
면적도 좁고 부엌도 작다.

3F
1:200

과한 노출
현관문을 열면 집 내부가 훤히 들여다보인다.

목욕을 할 수 없다
누군가 화장실을 이용할 때 욕실을 사용할 수 없다. 특히 5인 가족이라면 화장실은 욕실과 분리하는 것이 좋다.

1F
1:200

계단을 가장자리로 몰아 복도를 최소화

상 2층 LDK. 중정의 쇠물푸레나무를 어디서든 볼 수 있다.
하 아이방1. 로프트는 보이드로 거실 쪽과 이어져 있다.

넓게 사용할 수 있다
아이방 3은 첫째의 방. 인입문(벽에 삽입되는 문-옮긴이)을 활짝 열면 복도도 방의 일부가 된다.

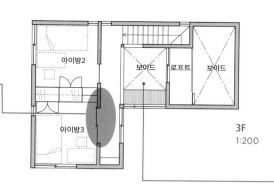

아이방2

보이드 로프트 보이드

아이방3

3F
1:200

보이드의 역할
거실에서도 아이들의 인기척이 느껴진다. 아이방2와 3뿐 아니라 아이방1의 로프트와도 연결되어 있다.

막힌 공간
차분한 분위기의 식당. 손님이 오면 거실로 테이블을 옮긴다.

부엌

거실

아이방1

정원의 나무
LDK의 여러 위치에서 중정의 쇠물푸레나무가 보이고 시야가 트여 있어 실제보다 넓게 느껴진다.

식당

발코니

2F
1:200

제2의 거실
커다란 발코니. 평소에는 빨래 건조장, 날씨가 좋은 휴일에는 외부 거실로 사용한다.

작고 기능적
현관과 연결해 클로크 룸(cloakroom: 현관이나 침실에 딸려 있는 수납 공간)을 설치. 비바람을 막기 위해 인입문도 설치했다.

깊숙한 침실
주침실이 도로에서 가장 먼 곳에 있어 소음을 신경 쓰지 않고 숙면을 취할 수 있다.

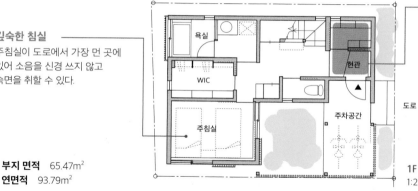

욕실

현관

WIC

주차공간

도로

주침실

부지 면적 65.47m²
연면적 93.79m²

1F
1:200

땅의 조건
가변성
채광
타인과의 관계
차경
동선
손님
프라이버시
수납
특수한 방
다세대
임대

특징이 두드러지지 않는 집의 형태. 차분한 색조의 외벽, 깊숙이 들어가는 진입로와 식재(植栽)로 주변에 조용히 녹아드는 외관이다.

2개의 작은 정원 쪽으로 주요 창을 열 수 있어 프라이버시를 지키면서 동시에 실내와 정원이 자연스럽게 연결되는 공간을 완성했다. 부엌-식당-중정이 하나로 이어지는 공간으로, 향후에 건축주의 희망사항인 작은 키친 스튜디오를 만들 수도 있을 것 같다.

005
모퉁이 땅의 특성을 장점으로

제반 조건
가족 구성: 부부 + 아이 1명
부지 조건: 부지 면적 112.33m²
건폐율 60% 용적률 100%
정사각형에 가까운 모퉁이 땅. 한적한 주택가지만 전면도로에 교통량이 많다

건축주의 요구 사항
- 거리에 조용히 녹아드는 외관
- 도로로부터 프라이버시를 지킬 수 있도록
- 언젠가 키친 스튜디오를 열고 싶다

✕ 협소한 모퉁이 땅의 특징을 살리지 못했다

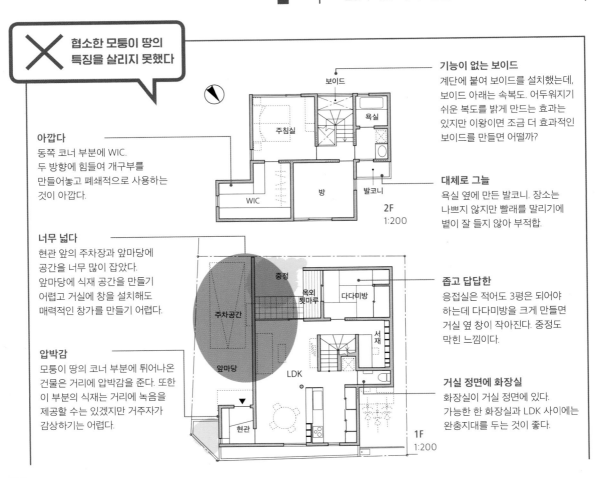

아깝다
동쪽 코너 부분에 WIC.
두 방향에 힘들여 개구부를 만들어놓고 폐쇄적으로 사용하는 것이 아깝다.

너무 넓다
현관 앞의 주차장과 앞마당에 공간을 너무 많이 잡았다. 앞마당에 식재 공간을 만들기 어렵고 거실에 창을 설치해도 매력적인 창가를 만들기 어렵다.

압박감
모퉁이 땅의 코너 부분에 튀어나온 건물은 거리에 압박감을 준다. 또한 이 부분의 식재는 거리에 녹음을 제공할 수는 있겠지만 거주자가 감상하기는 어렵다.

기능이 없는 보이드
계단에 붙여 보이드를 설치했는데, 보이드 아래는 속복도. 어두워지기 쉬운 복도를 밝게 만드는 효과는 있지만 이왕이면 조금 더 효과적인 보이드를 만들면 어떨까?

대체로 그늘
욕실 옆에 만든 발코니. 장소는 나쁘지 않지만 빨래를 말리기에 볕이 잘 들지 않아 부적합.

좁고 답답한
응접실은 적어도 3평은 되어야 하는데 다다미방을 크게 만들면 거실 옆 창이 작아진다. 중정도 막힌 느낌이다.

거실 정면에 화장실
화장실이 거실 정면에 있다. 가능한 한 화장실과 LDK 사이에는 완충지대를 두는 것이 좋다.

2F 1:200
1F 1:200

공간의 낭비를 없애고 리듬감 만들기

좌 2층 주침실. 프라이버시를 지키면서 중정의 녹음을 즐긴다.
우 1층 LDK. 작은 원룸 공간. 사진 중앙에 보이는 아치 모양의 입구를 통해 다다미방으로 들어간다.

땅의 조건
가변성
채광
타인과의 관계
차경
동선
손님
프라이버시
수납
특수한 방
다세대
임대

녹음을 즐기다
아이방으로 쓸 방에서 앞마당의 녹음을 즐길 수 있다. 도로와도 조금 떨어진 위치라 안정감이 느껴진다.

밝은 발코니
건조실로 활용할 발코니는 동남향의 밝은 장소에. 북쪽에는 돌출벽을 세워 도로 쪽에서 잘 보이지 않게 만들었다.

하나로 이어지다
부엌-식당-중정이 하나로 이어지는 기분 좋은 공간이 되었다. 식당과 거실은 한 공간에 있지만 큰 TV 모니터로 나뉘어 혼란스럽지 않다.

적합한 응접실 크기
LDK 옆에 손님방으로 충분한 넓이의 다다미방을 확보. 출입구를 작게 만들어 LDK와 거리감이 생겼다. 식당 쪽과는 달리 차분한 분위기의 옥외 툇마루와 중정이 딸려 있는 별실 느낌이다.

적소에 배치
전망이 좋지 않은 부지 안쪽에 큰 창이 필요없는 옷방을 만들었다.

복도 없는 원룸
LDK는 쓸데없는 동선을 없애고 작게 만들어 공간감과 일체감이 생겼다. 세면실을 따로 만들고, 화장실 문이 LDK에서 직접 보이지 않게 했다.

멀지도 가깝지도 않은
두 계단을 올라 들어서는 서재. 계단을 오르는 입구에서 시야가 좁아지고 바닥의 높이도 차이가 나므로 서재가 LDK와 멀지도 가깝지도 않은 관계를 가진 차분한 공간이 되었다.

앞마당의 여유
앞마당의 나무에 바싹 붙여 소파 코너를 만들어 차분한 창가 공간을 만들었다. 앞마당의 나무는 진입로에서도 현관홀에서도 거실에서도 볼 수 있으며 행인들의 시선도 막아준다.

도로 쪽을 트다
모퉁이 땅을 주차공간으로 만들어 거리에 대한 압박감을 없앴다.

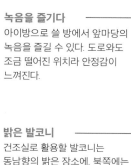

2F
1:150

주침실
WIC
방
발코니
욕실

1F
1:150

중정
테라스
식당
부엌
옥외 툇마루
다다미방
거실
세면실
수납
주차공간
앞마당
홀
현관
서재
포치
서비스 야드

| **부지 면적** | 112.33m² |
| **연면적** | 112.39m² |

17

006

작은
아이디어를
차곡차곡
쌓아

부지 안에 건축주 부모님의 집과 형제의 집이 접해 있었기 때문에 큰 데크를 설치해 세 가구가 모두 모일 수 있는 장소를 만들었다.

전면도로에서 데크로 곧장 진입할 수 있도록 건물을 두 동으로 분할했다. 각 층고를 달리해 천장이 높은 방과 아담한 방 등 공간에 변화를 주었다. 작은 주택이지만 세 가족을 이어주는 큰 역할을 하는 집이다.

제반 조건
가족 구성: 부부
부지 조건: 부지 면적 100.00m²
　　　　　 건폐율 40% 용적률 80%
　　　　　 평평함. 평행사변형 같은 평면 형상

건축주의 요구 사항
- 하와이 같은 이미지로
- 북유럽 같은 분위기도
- 작고 아기자기한 서재

✕ 실생활에 불편이 많을 것 같다

좁은 부엌
데크 공간을 넓게 확보하느라 결과적으로 좁고 폐쇄적인 부엌이 되었다.

어두운 침실
전면 도로가 좁고 도로 건너편의 집이 가깝기 때문에 프라이버시를 생각한다면 큰 창문은 설치할 수 없다. 때문에 창이 작은 어두운 침실이 되었다.

데크

부엌

거실·식당

현관

욕실

주차공간

주침실

서재

WIC

아이방

1F
1:200

불편한 화장실
옆 동에 3 in 1의 욕실·화장실을 만들었는데 목욕 중에는 화장실을 사용하지 못해 곤란한 경우도 있을 것 같다.

2F
1:200

편리성과 실내 환경을 우선한다

좌 정면 외관. 오른쪽이 욕실 및 화장실과 아이방이 있는 건물
우 2층 침실과 도로 쪽의 테라스. 테라스 벽의 창은 작지만 위에서부터 빛이 들어와 실내도 밝다.

완충지대
창을 외벽에서 후퇴시켜 완충지대를 만들었다. 외부와 한걸음 떨어뜨림으로써 침실의 압박감을 해소했다.

알코브에 서재
주침실과 아이방의 바닥 높이를 달리하고 계단을 돌게 만들면서 침실 안에 알코브가 생겼다. 작은 서재공간으로 사용한다.

빛을 끌어들이는 테라스
상부를 개방한 테라스는 프라이버시를 확보하면서 빛을 실내로 끌어들여 침실을 밝게 만들어준다.

넓이를 확보
아이방이지만 크게 만들어 아이가 큰 후에도 사용하기 편한 방이다.

2F
1:150

일체화한 LDK
부엌과 거실이 접하는 면적을 늘려 거실과 일체화된 부엌을 만들었다.

모두 함께하는 데크
가까이 사는 부모님이 방문하기 쉬운 위치에 데크를 배치. 야외 거실에서 가볍게 차와 식사를 즐길 수 있다. 도로에서 현관을 지나 데크로 곧장 갈 수 있다.

변화를 주어 넓게
다른 방과 다르게 변화를 주어 천장이 높고 넓게 느껴지는 거실과 식당.

편리한 욕실 사용
화장실을 욕실과 분리해 언제든 거리낌 없이 들어갈 수 있다.

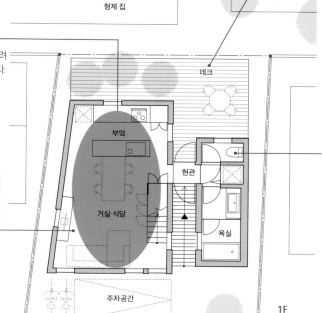

부지 면적 100.00m²
연면적 70.63m²

1F
1:150

땅의 조건

가변성

채광

타인과의 관계

차경

동선

손님

프라이버시

수납

특수한 방

다세대

임대

007

보이드의 막강한 역할. 집 전체가 하나로 연결

한적한 주택가의 모퉁이 땅에 지은 집. 1층의 LDK · 2층의 세컨드 거실 · 로프트를 보이드로 연결한 커다란 원룸이라 생각하고 가족의 인기척을 느끼며 지낼 수 있는 공간을 만들고자 했다.

자연을 좋아하는 건축주를 위해 전면을 레드시더 외벽으로 만들고 파고라로 여름 햇살을 가리며 녹음을 볼 수 있도록 했다. 넓은 데크 공간을 확보하여 휴일에는 건너편에 사는 부모님이나 친구들을 불러 바비큐를 즐길 수도 있다.

제반 조건
가족 구성: 부부 + 아이 3명
부지 조건: 부지 면적 176.36m²
　　　　　건폐율 70% 용적률 100%
　　　　　한적한 주택가의 모퉁이 땅. 남쪽에 남편의
　　　　　본가가 있다

건축주의 요구 사항
· 아이들이 즐길 수 있는 집
· 넓은 데크와 장작 난로가 있었으면
· 아이 3명의 각자 방 확보

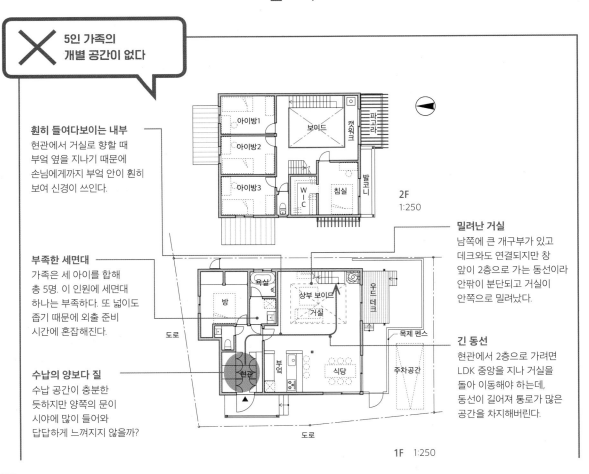

✕ 5인 가족의 개별 공간이 없다

훤히 들여다보이는 내부
현관에서 거실로 향할 때 부엌 옆을 지나기 때문에 손님에게까지 부엌 안이 훤히 보여 신경이 쓰인다.

부족한 세면대
가족은 세 아이를 합해 총 5명. 이 인원에 세면대 하나는 부족하다. 또 넓이도 좁기 때문에 외출 준비 시간에 혼잡해진다.

수납의 양보다 질
수납 공간이 충분한 듯하지만 양쪽의 문이 시야에 많이 들어와 답답하게 느껴지지 않을까?

밀려난 거실
남쪽에 큰 개구부가 있고 데크와도 연결되지만 창 앞이 2층으로 가는 동선이라 안팎이 분단되고 거실이 안쪽으로 밀려났다.

긴 동선
현관에서 2층으로 가려면 LDK 중앙을 지나 거실을 돌아 이동해야 하는데, 동선이 길어져 통로가 많은 공간을 차지해버린다.

2F 1:250

아이방1　보이드　캣워크
아이방2　파고라
아이방3　WIC　침실　발코니

욕실　상부 보이드　우드 데크
방　거실
현관　부엌　식당　목제 펜스
　　　　　　　주차공간
도로
도로

1F 1:250

동선을 정리해
세컨드 거실을

로프트에서 내려다본 모습.
세컨드 거실에는 장작 난로의
굴뚝과 나란히 아이들이
로프트에서 타고 내려올 수 있는
봉이 서 있다.

1층 거실 보이드의 넓은 공간.
2층 난간이 보이는 곳이 세컨드
거실.

LF
1:200

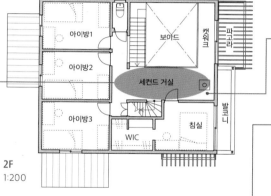

로프트

천창

보이드

파고라

또 하나의 생활공간
2층 보이드를 따라 세컨드
거실을 만들었다. 1층 거실보다
조금 러프한 분위기로, 누구나
편히 쉴 수 있는 또 하나의 가족
공간을 만들었다.

아이방1
아이방2
세컨드 거실
아이방3
WIC
보이드
캣워크
파고라
침실
발코니

2F
1:200

아이의 마음을 사로잡다
2층과 로프트를 계단으로
연결할 뿐만 아니라 봉을 설치해
아이들이 좋아할 만한 요소를
갖췄다.

밝은 거실
장작 난로를 거실과 식당
사이에, 계단을 화장실 주변에
배치함으로써 거실이 데크
쪽으로 붙게 되어 안팎이 하나로
이어지는 밝은 공간이 되었다.

혼잡하지 않도록
세면·탈의실을 넓게 잡고 세면
볼도 두 개를 준비했다. 아침의
혼잡을 줄일 수 있다.

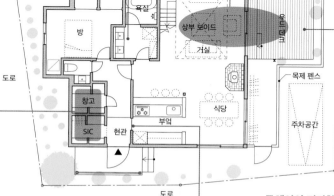

욕실
방
상부 보이드
거실
우드 데크
목제 펜스

바비큐 가능
거실 앞에 넓은 데크를
만들고 목제 펜스로
둘러 사적으로 즐길
수 있는 외부 공간을
만들었다.

도로

현관 수납
현관 옆에 신발장과 창고를
배치. 5인 가족의 신발도
모두 수납해 현관을 깔끔하게
만든다.

창고
SIC
현관
부엌
식당
주차공간

도로

1F
1:200

투웨이의 편리함
현관에서는 홀을 지나 LDK로 향하는 동선
외에도 곧장 부엌으로 들어가는 동선이
있다. 현관에서 곧장 부엌으로 짐을 옮겨
놓을 수 있다.

부지 면적 176.36m²
연면적 144.04m²

땅의 조건
가변성
채광
타인과의 관계
창경
동선
손님
프라이버시
수납
특수한 방
다세대
임대

008

2층 LDK를
ㄷ자 플랜으로
실내외가
하나로

주변이 이웃집으로 둘러싸인 깃대 모양의 부지에 지은 부부와 4마리의 고양이를 위한 집. 밀집 지역이므로 창을 통해 보이는 풍경과 시선을 고려해 1층과 2층에 각각 다른 기능을 가진 프라이빗 데크를 설치한 ㄷ자형 평면을 제안했다.

모든 방이 데크와 접해 있기 때문에 빛과 바람을 끌어들이고 이웃집의 나무들을 차경해 외부와도 기분 좋게 연결된다. 회유동선으로 평수보다 더 넓게 느껴지는 플랜이다.

제반 조건
가족 구성: 부부 + 고양이 4마리
부지 조건: 부지 면적 159.74m² / 건폐율 60% 용적률 150%
정면 폭 3m에 안길이가 13m인 깃대 모양의 변형 부지. 주변이 이웃집으로 둘러싸여 있지만 남서쪽 옆집의 나무를 차경할 수 있다

건축주의 요구 사항
• 쾌적하고 여유로운 거실
• 고양이들과 즐겁게 살고 싶다
• 개방적이면서 바깥을 신경 쓰지 않고 창을 열 수 있는 집

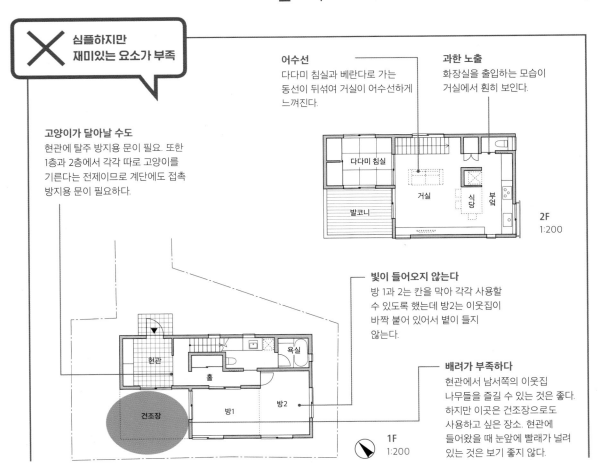

✕ 심플하지만 재미있는 요소가 부족

고양이가 달아날 수도
현관에 탈주 방지용 문이 필요. 또한 1층과 2층에서 각각 따로 고양이를 기른다는 전제이므로 계단에도 접촉 방지용 문이 필요하다.

어수선
다다미 침실과 베란다로 가는 동선이 뒤섞여 거실이 어수선하게 느껴진다.

과한 노출
화장실을 출입하는 모습이 거실에서 훤히 보인다.

다다미 침실
발코니
거실
식당
부엌

2F
1:200

빛이 들어오지 않는다
방 1과 2는 칸을 막아 각각 사용할 수 있도록 했는데 방2는 이웃집이 바짝 붙어 있어서 볕이 들지 않는다.

현관
홀
욕실
건조장
방1
방2

1F
1:200

배려가 부족하다
현관에서 남서쪽의 이웃집 나무들을 즐길 수 있는 것은 좋다. 하지만 이곳은 건조장으로도 사용하고 싶은 장소. 현관에 들어왔을 때 눈앞에 빨래가 널려 있는 것은 보기 좋지 않다.

ㄷ자 평면과 회유동선으로 생활에 리듬감을

좌 2층 발코니. 옆집의 나무들을 차경한 기분 좋은 세컨드 거실.
우 2층 LDK. 넓은 거실은 다양한 용도로 사용 가능.

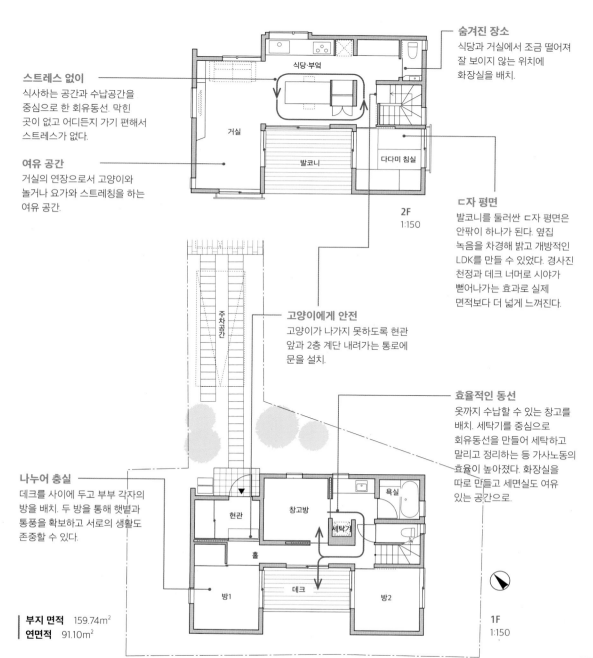

스트레스 없이
식사하는 공간과 수납공간을 중심으로 한 회유동선. 막힌 곳이 없고 어디든지 가기 편해서 스트레스가 없다.

여유 공간
거실의 연장으로서 고양이와 놀거나 요가와 스트레칭을 하는 여유 공간.

숨겨진 장소
식당과 거실에서 조금 떨어져 잘 보이지 않는 위치에 화장실을 배치.

ㄷ자 평면
발코니를 둘러싼 ㄷ자 평면은 안팎이 하나가 된다. 옆집 녹음을 차경해 밝고 개방적인 LDK를 만들 수 있었다. 경사진 천정과 데크 너머로 시야가 뻗어나가는 효과로 실제 면적보다 더 넓게 느껴진다.

고양이에게 안전
고양이가 나가지 못하도록 현관 앞과 2층 계단 내려가는 통로에 문을 설치.

효율적인 동선
옷까지 수납할 수 있는 창고를 배치. 세탁기를 중심으로 회유동선을 만들어 세탁하고 말리고 정리하는 등 가사노동의 효율이 높아졌다. 화장실을 따로 만들고 세면실도 여유 있는 공간으로.

나누어 충실
데크를 사이에 두고 부부 각자의 방을 배치. 두 방을 통해 햇볕과 통풍을 확보하고 서로의 생활도 존중할 수 있다.

2F 1:150

1F 1:150

부지 면적 159.74m²
연면적 91.10m²

식당·부엌 / 거실 / 발코니 / 다다미 침실 / 주차공간 / 현관 / 창고방 / 욕실 / 세탁기 / 홀 / 방1 / 데크 / 방2

땅의 조건 | 가변성 | 채광 | 타인과의 관계 | 차경 | 동선 | 손님 | 프라이버시 | 수납 | 특수한 방 | 다세대 | 임대

23

009

평면형으로
정원을
맘껏 즐기는
맞벌이 부부의 집

이동 시 차를 이용해야 하므로 출퇴근용 차량 2대와 손님용으로 2대, 총 4대의 주차공간을 확보했다. 인접지와 정원과의 연결성, 남쪽 집의 그림자까지 고려해 건물의 안길이와 모양을 고안. 건물을 L자로 만들어 서쪽에 있는 도로의 시선이 신경 쓰이지 않는 커다란 정원을 만들었다. 또한 맞벌이 부부를 위해 가사동선에 특별히 신경 썼으며 향후 1층에서만 생활할 수 있는 집으로 만들었다.

제반 조건
가족 구성: 부부 + 아이 2명
부지 조건: 부지 면적 264.57m²
　　　　　건폐율 60%　용적률 200%
　　　　　동서로 긴 부지로 남동쪽 부분이 밝은 지역.
　　　　　분양지라서 프라이버시가 신경 쓰인다

건축주의 요구 사항
• 밝고 통풍과 환기가 잘 되도록
• 효율이 좋은 가사동선
• 프라이버시를 확보하고 싶다

✕ **부지와 주변 환경에 대한 배려가 부족**

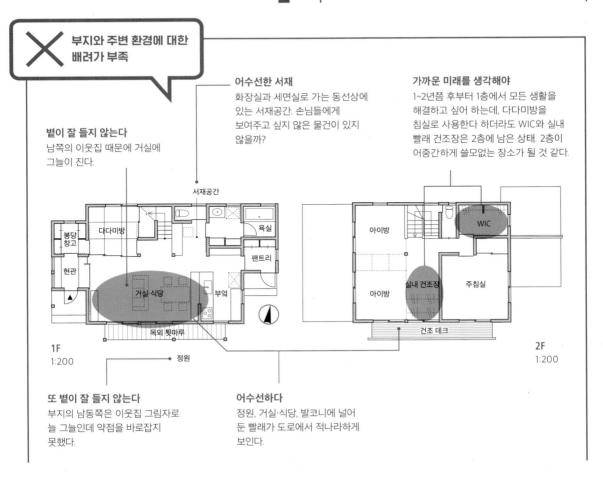

어수선한 서재
화장실과 세면실로 가는 동선상에 있는 서재공간. 손님들에게 보여주고 싶지 않은 물건이 있지 않을까?

가까운 미래를 생각해야
1~2년쯤 후부터 1층에서 모든 생활을 해결하고 싶어 하는데, 다다미방을 침실로 사용한다 하더라도 WIC와 실내 빨래 건조장은 2층에 남은 상태. 2층이 어중간하게 쓸모없는 장소가 될 것 같다.

볕이 잘 들지 않는다
남쪽의 이웃집 때문에 거실에 그늘이 진다.

서재공간

다다미방

봉당창고

욕실

현관

팬트리

거실·식당

부엌

옥외 툇마루

1F
1:200

정원

아이방

WIC

실내 건조장

주침실

아이방

건조 데크

2F
1:200

또 볕이 잘 들지 않는다
부지의 남동쪽은 이웃집 그림자로 늘 그늘인데 약점을 바로잡지 못했다.

어수선하다
정원, 거실·식당, 발코니에 널어 둔 빨래가 도로에서 적나라하게 보인다.

프라이빗한 정원과 효율적인 동선

정원 안쪽에서 본 모습. 건물을
L자로 만들어 도로의 시선을
차단하고 편히 즐길 수 있는
정원을 확보했다.

땅의 조건

가변성

채광

타인과의 관계

차경

동선

손님

프라이버시

수납

특수한 방

다세대

임대

내려오는 빛
어두워지기 쉬운 세면 공간이
톱 라이트로 빛이 내려와 밝은
공간으로. 이 빛이 복도까지
밝힌다.

탁월한 일조량
남향의 아이방에는 볕이 잘 든다.
아이가 어릴 때는 넓은
놀이공간으로 쓰다 간단한 벽으로
쉽게 칸을 막을 수 있다.

은신처처럼
2층 안쪽의 공간에 배치해 눈에
띄지 않는 은신처 같은 서재공간.
가족 모두 사용할 수 있다.

아이방   아이방   서재공간

건조 데크

2F
1:150

유리
지붕

건조가 잘 되는 곳
세탁기에서 단거리로 갈 수 있는
침실 앞의 툇마루 공간을 실내
건조장으로 활용. 야외 건조장은
데크로 나온 곳. 데크에는 유리
지붕이 있어 갑자기 비가 와도
안심.

휴일에는 카페처럼
볕이 잘 들고 통풍이 잘 되는
LDK는 좀 더 차분한 공간이
되도록 현관과 욕실, 침실과
떨어지게 배치. 휴일에 넓은
데크에서 정원을 바라보며 쉴 수
있다.

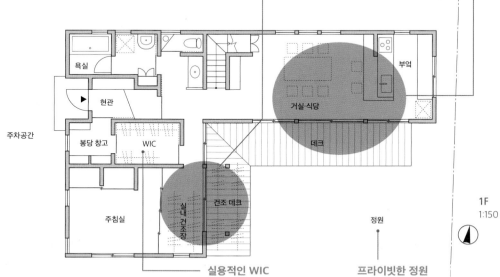

욕실   부엌

현관   거실·식당

주차공간   봉당 창고   WIC   데크

실내
건조장   건조 데크

주침실   정원

1F
1:150

실용적인 WIC
봉당 창고로도 출입할 수 있는
WIC를 1층에 배치, 건조장에서도
가깝기 때문에 정리할 때도
편리하다.

프라이빗한 정원
건물을 L자로 만들어 도로에서의
시선을 차단. 이웃집의 영향을
별로 받지 않는 볕이 잘 드는
장소에 프라이빗한 정원을
만들었다.

| **부지 면적** | 264.57m² |
| **연면적** | 114.27m² |

25

010

세 방향의
시선을 극복한
중정의 채광

직각삼각형에 가까운 변형 부지로 '이런 토지에서만 가능한 집'을 목표로 했다. 세 방향이 도로와 접해 있기 때문에 볕이 잘 들고 특히 서쪽은 전망이 멋지다. 하지만 커다란 창을 달면 밖에서 훤히 들여다보이기 때문에 프라이버시를 지키기 위한 방법이 필요하다.

집 안 어디에 있든 가족의 인기척이 느껴지는 밝고 개방적인 평면을 만들기 위해 벽으로 둘러싼 중정을 중심에 뒀다.

제반 조건
가족 구성: 부부 + 아이 2명
부지 조건: 부지 면적 141.77m²
　　　　　건폐율 60% 용적률 80%
　　　　　한적한 주택가 안에 있는 직각삼각형에 가까운
　　　　　형태의 부지. 동쪽과 서쪽이 도로와 접해 있는데
　　　　　특히 서쪽은 불꽃놀이와 후지산이 보인다

건축주의 요구 사항
• 이웃의 시선으로부터 자유롭도록
• 다함께 요리할 수 있는 부엌
• 고립되지 않은 개방감 있는 욕실

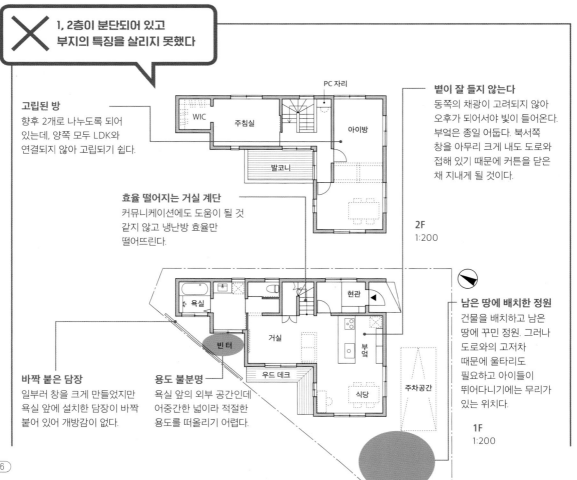

✕ 1, 2층이 분단되어 있고 부지의 특징을 살리지 못했다

고립된 방
향후 2개로 나누도록 되어 있는데, 양쪽 모두 LDK와 연결되지 않아 고립되기 쉽다.

효율 떨어지는 거실 계단
커뮤니케이션에도 도움이 될 것 같지 않고 냉난방 효율만 떨어뜨린다.

PC 자리

WIC　주침실　아이방

발코니

2F
1:200

볕이 잘 들지 않는다
동쪽의 채광이 고려되지 않아 오후가 되어서야 빛이 들어온다. 부엌은 종일 어둡다. 북서쪽 창을 아무리 크게 내도 도로와 접해 있기 때문에 커튼을 닫은 채 지내게 될 것이다.

욕실　현관

빈터　거실　부엌

우드 데크　식당　주차공간

바짝 붙은 담장
일부러 창을 크게 만들었지만 욕실 앞에 설치한 담장이 바짝 붙어 있어 개방감이 없다.

용도 불분명
욕실 앞의 외부 공간인데 어중간한 넓이라 적절한 용도를 떠올리기 어렵다.

남은 땅에 배치한 정원
건물을 배치하고 남은 땅에 꾸민 정원. 그러나 도로와의 고저차 때문에 울타리도 필요하고 아이들이 뛰어다니기에는 무리가 있는 위치다.

1F
1:200

중정과 2층을 통해 집 안 전체에 빛이

좌 2층 아이방 쪽에서 본 프리 스페이스(free space).
우 1층 부엌·식당과 중정 데크. 중정 데크는 벽으로 둘러싸인 프라이빗한 외부 공간.

땅의 조건
가변성
채광
타인과의 관계
차경
동선
손님
프라이버시
수납
특수한 방
다세대
임대

대형 수납 기능
가족 모두가 사용하는 커다란 WIC. 의류뿐 아니라 계절용품과 장난감도 함께 넣어둘 수 있는 용량을 확보. 덕분에 집 전체가 깔끔해진다.

가족만의 텃밭
얼핏 볕이 좋지 않아 보이는 북쪽 코너지만 건물을 서쪽으로 붙이고 동쪽을 주차공간으로 넓게 개방한 덕분에 남쪽의 햇볕을 종일 확보할 수 있다.

충분한 햇살
도로변으로 난 1층 창은 최소한으로. 대신, 계단을 따라 상부에 큰 고정 창을 내서 채광 확보. 높은 위치의 창으로도 1층을 충분히 밝힐 수 있다.

불꽃놀이를 즐기다
여름이면 계단 옆 큰 창을 통해 불꽃놀이를 즐길 수 있는 자유공간. 아이가 어릴 때는 아이방과 하나로 연결해 넓은 놀이터처럼 사용할 수 있다.

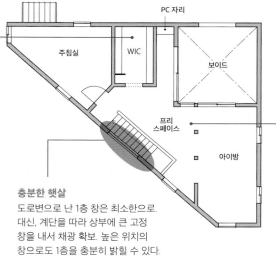

PC 자리
주침실
WIC
보이드
프리 스페이스
아이방

2F
1:150

막혀 있는 정원
벽으로 둘러싸인 중정 데크. 아이의 놀이터이자 빨래를 건조하는 공간이기도 하다. 항상 볕이 잘 들어 집 안을 밝게 해준다. 커튼 없이 생활할 수 있다.

벤치로도 침대로도
LDK로 개방된 거실 계단은 중간에 앉아 가족과 대화도 나눌 수 있다. 첫 번째 계단은 넓게 잡아 벤치 겸용으로. 아이를 재워 두는 평상으로도 사용할 수 있다.

노천탕에 온 듯
둘러싸인 정원 쪽으로 개방된 욕실. 인가가 밀집된 지역에서도 노천탕처럼 즐길 수 있다. 데크 풀장에서 놀던 아이들이 창을 통해 뛰어 들어오기도 한다.

주차공간
현관
부엌
중정 데크
거실
욕실
수납

부지 면적 141.77m²
연면적 94.39m²

1F
1:150

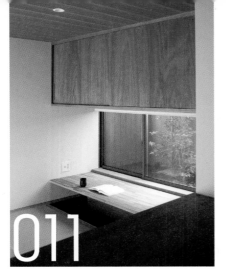

011

세 개의 정원으로 빛과 바람을

도쿄 교외의 주택. 남편의 업무 공간까지 함께 만들었다. 남향의 채광 조건이 좋은 부지다. 빛과 바람을 충분히 끌어들일 수 있도록 세 개의 정원을 만들었다.

세 개의 정원은 남쪽, 북동쪽, 북서쪽에 있다. 그로 인해 북쪽도 남북으로 바람이 잘 통하는 밝은 공간이 되었다. 또 LDK 중앙에서 세 개의 정원을 조망할 수 있어 빛으로 둘러싸인 공간을 만들 수 있었다. 욕실과 다다미 코너에서도 정원을 즐긴다.

제반 조건
가족 구성: 부부
부지 조건: 부지 면적 127.75m²
건폐율 40% 용적률 80%
정면 폭 8m가량의 남쪽 도로 부지. 채광 조건이 좋다.

건축주의 요구 사항
· 테라스 등의 외부 공간과 연결되도록
· 업무공간을 갖고 싶다
· 반려견 두 마리와 함께 편안한 집

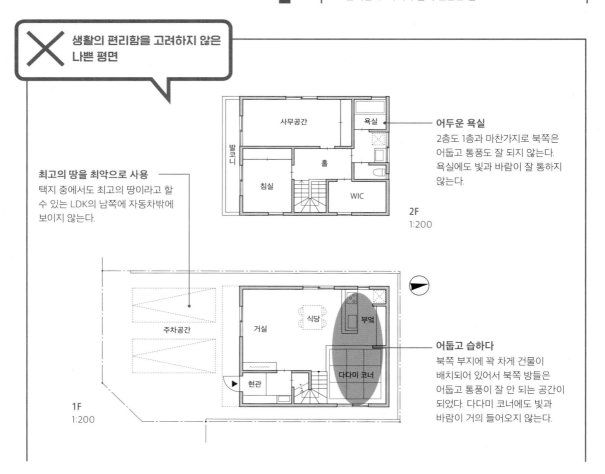

✕ **생활의 편리함을 고려하지 않은 나쁜 평면**

어두운 욕실
2층도 1층과 마찬가지로 북쪽은 어둡고 통풍도 잘 되지 않는다. 욕실에도 빛과 바람이 잘 통하지 않는다.

최고의 땅을 최악으로 사용
택지 중에서도 최고의 땅이라고 할 수 있는 LDK의 남쪽에 자동차밖에 보이지 않는다.

어둡고 습하다
북쪽 부지에 꽉 차게 건물이 배치되어 있어서 북쪽 방들은 어둡고 통풍이 잘 안 되는 공간이 되었다. 다다미 코너에도 빛과 바람이 거의 들어오지 않는다.

사무공간 / 욕실 / 발코니 / 홀 / 침실 / WIC

2F
1:200

주차공간 / 식당 / 부엌 / 거실 / 다다미 코너 / 현관

1F
1:200

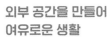

외부 공간을 만들어 여유로운 생활

좌 도로 쪽 외관. 주차공간 옆에 목재 담장을 세워 데크와 거실이 노출되지 않도록 했다.
우 응접실에서 식당과 거실 방향을 본 모습. 시야가 길게 트여 있다.

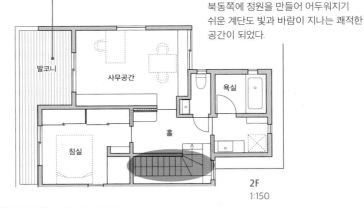

원하는 빛만 받아들이다
발코니를 조금 들어간 형태로 만들어 여름 햇볕을 피하면서 밝은 빛을 실내로 끌어들인다.

녹음과 빛에 둘러싸이다
LDK 중앙에서 남쪽, 북동쪽, 북서쪽 세 개의 정원에 대한 조망권을 확보해 녹음과 빛에 둘러싸인 공간을 만들었다.

바깥을 즐기다
거실과 이어진 넓은 우드 데크를 설치해 거실에 공간감을 부여한다.

밝은 계단
북동쪽에 정원을 만들어 어두워지기 쉬운 계단도 빛과 바람이 지나는 쾌적한 공간이 되었다.

발코니 / 사무공간 / 욕실 / 홀 / 침실

2F
1:150

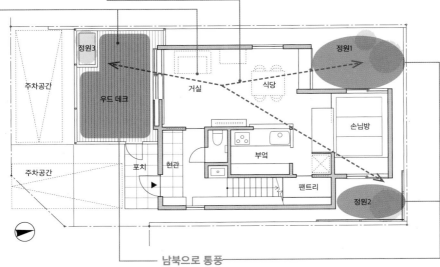

정원3 / 주차공간 / 우드 데크 / 거실 / 식당 / 정원1 / 손님방 / 현관 / 포치 / 부엌 / 팬트리 / 정원2 / 주차공간

남북으로 통풍
세 개의 정원을 만듦으로써 남북으로 통풍이 되고 북쪽의 응접실도 밝은 공간이 되었다. 또 LDK, 응접실, 2층 욕실 등 여러 장소에서 정원을 즐길 수 있다.

1F
1:150

부지 면적 127.75m²
연면적 97.93m²

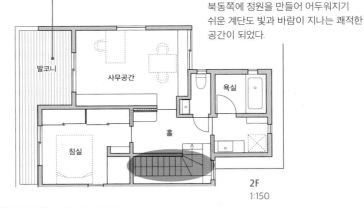

012

둘러싸여도
밝으면서
개방적으로

북쪽과 서쪽이 잡목림이지만 머지않아 택지화되면 주위가 집들로 둘러싸이게 될 깃대 모양의 부지. 주위의 시선을 차단하면서 햇볕을 확보한다는 과제를 해결해야 했다. 큰길에서는 현관 주변밖에 보이지 않는 조건이라 심플하고 우아한 외관을 추구했다.

아이들을 밝게 키우고 싶다는 바람에 따라 집 전체가 아이들의 놀이터가 되도록 평면을 구성했다. 외부 공간을 효율적으로 받아들이면서 밝고 개방적인 집이다.

제반 조건
가족 구성: 부부 + 아이 1명(둘째 예정)
부지 조건: 부지 면적 150.06m²
　　　　　건폐율 60% 용적률 180%
　　　　　깃대 모양의 부지. 장대 부분은 4m 정도. 서쪽과
　　　　　북쪽은 잡목림이지만 향후 개발 가능성이 있음

건축주의 요구 사항
- 아이들이 온 집 안을 뛰어다니는 상상
- 충분한 볕이 들도록
- 개방감 있는 욕실, 밝고 통풍이 잘 되는 욕실과 화장실

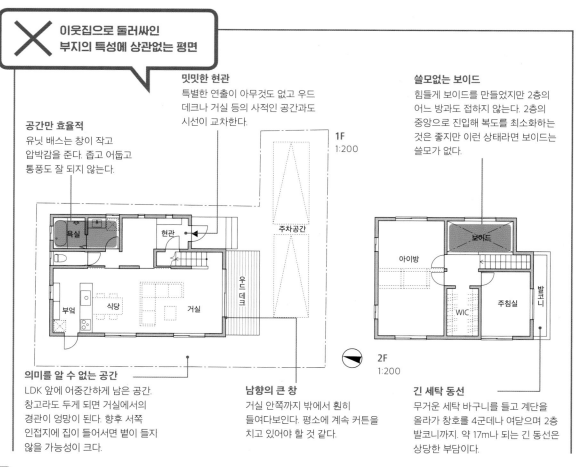

✕ 이웃집으로 둘러싸인 부지의 특성에 상관없는 평면

밋밋한 현관
특별한 연출이 아무것도 없고 우드 데크나 거실 등의 사적인 공간과도 시선이 교차한다.

쓸모없는 보이드
힘들게 보이드를 만들었지만 2층의 어느 방도 접하지 않는다. 2층의 중앙으로 진입해 복도를 최소화하는 것은 좋지만 이런 상태라면 보이드는 쓸모가 없다.

공간만 효율적
유닛 배스는 창이 작고 압박감을 준다. 좁고 어둡고 통풍도 잘 되지 않는다.

1F
1:200

욕실　　현관　　주차공간
식당　거실　우드데크
부엌

2F
1:200

보이드　아이방　발코니
WIC　주침실

의미를 알 수 없는 공간
LDK 앞에 어중간하게 남은 공간. 창고라도 두게 되면 거실에서의 경관이 엉망이 된다. 향후 서쪽 인접지에 집이 들어서면 볕이 들지 않을 가능성이 크다.

남향의 큰 창
거실 안쪽까지 밖에서 훤히 들여다보인다. 평소에 계속 커튼을 치고 있어야 할 것 같다.

긴 세탁 동선
무거운 세탁 바구니를 들고 계단을 올라가 창호를 4군데나 여닫으며 2층 발코니까지. 약 17m나 되는 긴 동선은 상당한 부담이다.

데크와 보이드로
집 안에 빛을

탁월한 개방감
남쪽과 서쪽의 2방향에 보이드가
있고 동쪽으로는 바깥을 볼 수
있는 키즈룸의 개방감이 탁월하다.
통로 부분은 그레이팅으로 만들어
1층 LDK와도 이어진다. 나중에
개인 방을 만들고 싶을 때는
적절히 칸을 막으면 된다.

부엌과 식탁을 일체화시킨 DK.
가족들이 자연스럽게 모이는
장소로.

놀 수 있는 발코니
빨래는 1층에서 말리므로
이곳은 이불을 말리거나 저녁
바람을 쐬거나 아래층의 데크
테라스와 소통하는 등 사용법은
자유. 밖에서 보이지 않고
휴식할 수 있는 외부 공간.

작지만 충분하다
진입로에서 훤히 들여다보이는
1층 남쪽의 창은 작게 만든다.
하지만 보이드 상부에도 창이
있어 1층에는 빛이 충분히
들어온다.

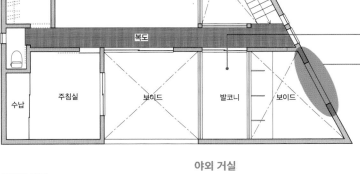

WIC
아이 놀이공간
보이드
복도
수납
주침실
보이드
발코니
보이드

2F
1:150

단란한 시간
식탁을 일체화하여 ㄷ자로 만든
부엌. 넓은 탁자에 둘러앉아
가족들이 자연스럽게 모이고,
식사는 물론 숙제와 게임도
여기서. 테이블 아래에 수납공간을
만들었고 팬트리까지 있으므로
깔끔하게 정리할 수 있다.

야외 거실
벽으로 둘러싸인 데크 테라스는
야외 거실. 빨래를 말리는 것은
물론, 여름철의 풀장과 바비큐장,
흰 벽을 이용한 홈시어터 등
다양한 방법으로 즐길 수 있다.

WIC
세면실을 분리하여 탈의실로
특화한 이 방은 가족 모두의
의류까지 수납하는 WIC. 입욕 시에
벗은 옷은 그대로 세탁기에 넣어서
세탁한 뒤 욕실을 지나 데크
건조장으로.

노천탕처럼
밖에서 보이지 않는 중정과 접해
있는 욕실은 개방적이라 노천탕
기분을 낼 수 있다. 여름에는 별을
보며 목욕.

팬트리
부엌
거실
식당
주차공간
WIC
우드 데크
현관
욕실

1F
1:150

바깥 같은 현관
들어가면 눈앞에 펼쳐지는 데크
테라스 덕에 밖에 있는 것처럼
밝은 현관 공간. 봉당공간을 크게
잡아 자전거와 유모차도 수용
가능.

보이지만 보이지 않는다
도로에서 파사드가 보이도록
벽면을 비스듬히. 현관은 알코브
안쪽에 있기 때문에 도로에서는
진입로만 보이고 현관은 보이지
않는다.

| **부지 면적** | 150.06m² |
| **연면적** | 101.10m² |

땅의 조건
가변성
채광
타인과의 관계
차경
동선
손님
프라이버시
수납
특수한 방
다세대
임대

013

높이 차를
활용한
커다란 데크

최대한 비용을 절감하면서 1.8m 정도 되는 도로와의 고저 차를 활용한 플랜.

주차장 위를 우드 데크로 만들고 부지 중앙의 언덕 같은 정원을 회유할 수 있도록 우드 데크를 연결했다. L자형으로 배치된 건물에서는 가족 모두가 서로의 인기척을 느낄 수 있다. 우드 데크의 지붕이 있는 공간은 건조장이면서 야외 식사도 할 수 있고, 다다미방과 LDK를 잇는 완충역할을 하기도 한다.

제반 조건
가족 구성: 부부 + 아이 1명
부지 조건: 부지 면적 244.97m²
　　　　　건폐율 60% 용적률 200%
　　　　　도로보다 1.8m 정도 높은 부지. 주변에 밭이 있는
　　　　　한가로운 신흥 주택지

건축주의 요구 사항
• 높이 차를 활용한 계획(비용 절감).
• 가족의 인기척을 어디서든 느낄 수 있도록
• 여러 장소에서 정원을 즐기고 싶다

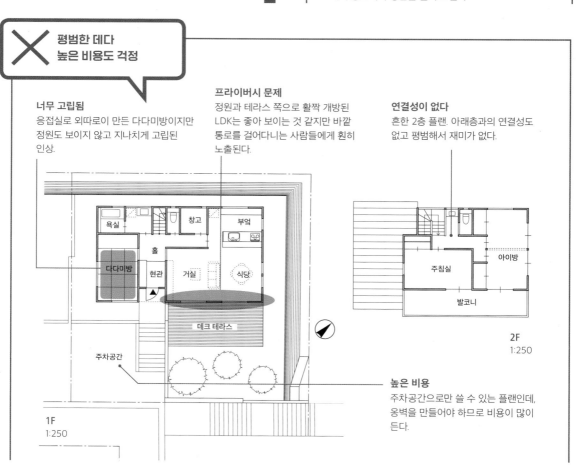

✕ **평범한 데다
높은 비용도 걱정**

너무 고립됨
응접실로 외따로이 만든 다다미방이지만 정원도 보이지 않고 지나치게 고립된 인상.

프라이버시 문제
정원과 테라스 쪽으로 활짝 개방된 LDK는 좋아 보이는 것 같지만 바깥 통로를 걸어다니는 사람들에게 훤히 노출된다.

연결성이 없다
흔한 2층 플랜. 아래층과의 연결성도 없고 평범해서 재미가 없다.

높은 비용
주차공간으로만 쓸 수 있는 플랜인데, 옹벽을 만들어야 하므로 비용이 많이 든다.

1F
1:250

2F
1:250

부지의 높이 차를 '즐기는 외부 공간'으로

좌 다다미방에서 LDK 방향을 본 모습. 지붕이 있는 데크를 사이에 두고 양 방향에서 인기척을 느낄 수 있다.
우 도로 쪽 외관. 주차공간까지 데크로 덮어 고저 차를 느끼지 못한다.

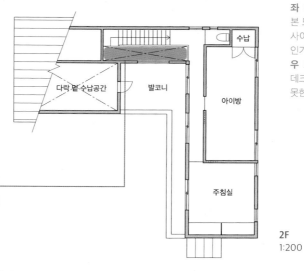

수납
다락 밑 수납공간
발코니
아이방
주침실

2F
1:200

보이드로 연결하다
계단 옆을 조금 넓혀 보이드로 만들고 아이방과 아래층의 인기척을 느끼게 한다.

지붕이 달린 건조장
넓은 데크의 한 쪽을 지붕 달린 건조장으로. 세탁기와 가깝고 세탁하고 말린 뒤 다다미방에서 개는 가사동선이 효율적이다.

욕실
수납장
장부보이드
부엌
다다미방
식당
하부 주차공간
거실
현관
창고
우드 데크

1F
1:200

인기척을 느끼다
외떨어진 다다미방이지만 외부 데크 너머로 LDK와 연결된다. 그 때문에 떨어져 있어도 인기척을 느낄 수 있어 고립되지 않는다.

즐길 수 있는 외부
고저 차를 이용해 주차공간 위까지 데크를 만들어 회유할 수 있도록 했다. 넓은 데크에서는 중앙의 언덕을 돌며 다양한 경치를 즐길 수 있다.

비용을 낮추다
토지의 모양을 그대로 이용해 경사면을 만들어 옹벽의 비용을 낮춘다. 거실에서 주차공간 방향, 다다미방에서 도로 방향으로 시야가 트이는 효과도 있다.

부지 면적 244.97m²
연면적 113.72m²

땅의 조건
가변성
채광
타인과의 관계
차경
동선
손님
프라이버시
수납
특수한 방
다세대
임대

014

빛과 바람을 끌어오는 중정

나무가 많은 주변의 환경을 살린 집. 중정을 배치한 ㅁ자형 평면이 집 안에 빛과 바람을 가져다준다. 중정을 사이에 두고 일상의 생활공간인 LD와 프라이빗한 욕실을 배치하고 부엌을 그 중간에 두었다. LD는 눈앞에 펼쳐진 정원과 집 중앙에 있는 중정 사이에 낀 개방적인 넓은 공간. 부엌에서 LD는 물론이고 현관과 계단을 중정 너머로 볼 수 있다. 2층도 중정을 돌아가는 동선이라 집 어디에 있든 가족들의 인기척을 느낄 수 있다.

제반 조건
가족 구성: 부부 + 아이 2명
부지 조건: 부지 면적 189.81m²
　　　　　건폐율 70% 용적률 191.6%
　　　　　공원과 유치원이 있는 주택지. 식물도 많아
　　　　　계절을 느낄 수 있는 직사각형의 택지

건축주의 요구 사항
· 칸막이를 줄여 가족이 서로 인기척을 느끼도록
· 자연광을 한가득 끌어들이고 싶다
· 가족 구성원의 변화에 유연하게 대처할 수 있는 수납공간

 구체적인 계획이 없다

부담스러운 동선
귀가한 후 LDK를 지나 세면실로 향하는 동선. 손님이 많은 집이라서 LDK를 지나는 것이 조금 부담스럽다.

어떻게 나눌 것인가?
아이가 어릴 때 넓은 놀이터로 사용하지만, 향후 각자의 방이 필요해지면 어떻게 나눌까? 복도의 입구가 하나밖에 없다.

1F
1:200

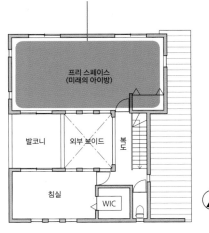

2F
1:200

가족의 유대감과
기능성을 높이는 동선

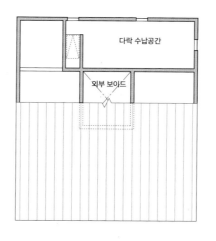

LF
1:200

상 부엌 쪽에서 본 중정과 LD. 북동쪽의 부엌도 중정을 통해 들어오는 빛으로 밝은 공간이 된다.
하 도로 쪽에서 본 외관. LD 앞으로 잔디밭이 펼쳐져 있다.

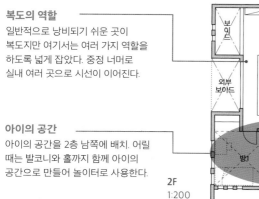

복도의 역할
일반적으로 낭비되기 쉬운 곳이 복도지만 여기서는 여러 가지 역할을 하도록 넓게 잡았다. 중정 너머로 실내 여러 곳으로 시선이 이어진다.

아이의 공간
아이의 공간을 2층 남쪽에 배치. 어릴 때는 발코니와 홀까지 함께 아이의 공간으로 만들어 놀이터로 사용한다.

2F
1:200

욕실로 직행
욕실과 화장실을 한 곳에 모아 거실·식당과 반대편에 배치. 현관에서 세면대로 직행할 수 있는 동선을 확보했다.

내부 현관 역할
SIC에서 곧장 실내로 들어갈 수 있도록 만들어 내부 현관 역할을 겸한다. 가족의 신발이 모두 여기 있기 때문에 현관이 항상 깔끔하다.

중정을 돌다
중정을 둘러싼 ㅁ자 평면이 회유동선을 만들어 기능적. 중정은 집 전체에 빛과 바람을 전한다.

중정 너머로 보다
계단을 오르내리는 아이들의 모습을 부엌에서도 중정 너머로 볼 수 있다.

칸막이 없이
고기밀 고단열 사양이라 더위와 추위 걱정 없이 칸막이가 없는 넓은 공간이 가능해졌다.

부지 면적 189.81m²
연면적 166.85m²

1F
1:200

자연 소재를 고집하여 조제하지 않은 순수 회반죽만을 사용하는 등 건축 재료를 철저하게 골라냈다.

훌륭한 디자인 주택이기도 하다. 외관은 경면 마감의 회반죽벽에 빛이 비쳐 입체감을 낳는다. 중정의 우드 데크를 둘러싸듯 배치된 방들은 프라이버시를 유지하면서도 데크 덕분에 개방감이 높아졌다. 목재 새시, 외부 펜스, 데크재를 모두 같은 소재로 하여 디자인의 통일성이 돋보인다.

015
우드 데크를 중심에

제반 조건
가족 구성: 부부 + 아이 2명
부지 조건: 부지 면적 262.11m²
　　　　　건폐율 50%　용적률 80%
　　　　　사설 도로(私道)에 접한 모퉁이 땅. 동쪽에 큰
　　　　　강이 있는 환경

건축주의 요구 사항
· 사람이 모이는 집
· 1층 어디에 있어도 가족의 인기척을 느낄 수 있도록
· 복도를 없애 원활한 동선으로

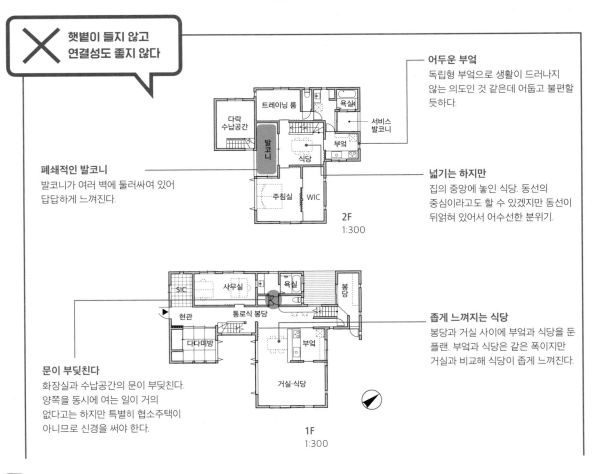

✕ 햇볕이 들지 않고 연결성도 좋지 않다

어두운 부엌
독립형 부엌으로 생활이 드러나지 않는 의도인 것 같은데 어둡고 불편할 듯하다.

폐쇄적인 발코니
발코니가 여러 벽에 둘러싸여 있어 답답하게 느껴진다.

넓기는 하지만
집의 중앙에 놓인 식당. 동선의 중심이라고도 할 수 있겠지만 동선이 뒤얽혀 있어서 어수선한 분위기.

2F
1:300

좁게 느껴지는 식당
봉당과 거실 사이에 부엌과 식당을 둔 플랜. 부엌과 식당은 같은 폭이지만 거실과 비교해 식당이 좁게 느껴진다.

문이 부딪친다
화장실과 수납공간의 문이 부딪친다. 양쪽을 동시에 여는 일이 거의 없다고는 하지만 특별히 협소주택이 아니므로 신경을 써야 한다.

1F
1:300

다양한 요소가 어우러져 밝고 즐겁게

좌 1층 통로식 봉당. 왼쪽에는 우드 데크가 평평하게 이어진다.
우 식당과 온실(conservatory)

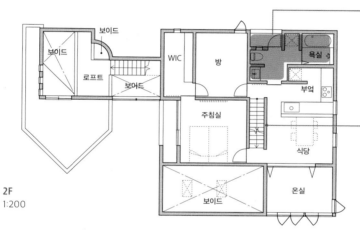

2F
1:200

호텔처럼
세면·탈의실과 화장실을 일체화한 호텔 같은 욕실. 개방적이고 기분 좋게 사용할 수 있다.

유리로 환하게
계단의 벽을 양쪽 모두 유리로 구성, 계단 벽 때문에 생기는 압박감이 줄어든다.

독창성
현관을 밝고 개방적으로. 건축주의 이름 첫 글자 S를 디자인에 넣어 독창적인 공간으로.

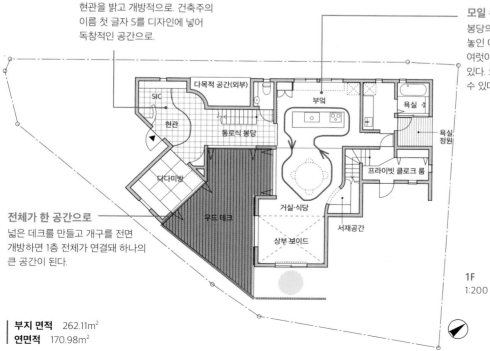

1F
1:200

모일 수 있는 부엌
봉당의 중앙에 떠 있는 듯 놓인 아일랜드형 부엌은 여럿이 모여 작업할 수 있다. 요리교실도 개최할 수 있다.

전체가 한 공간으로
넓은 데크를 만들고 개구를 전면 개방하면 1층 전체가 연결돼 하나의 큰 공간이 된다.

| **부지 면적** | 262.11m² |
| **연면적** | 170.98m² |

땅의 조건
가변성
채광
타인과의 관계
차경
동선
손님
프라이버시
수납
특수한 방
다세대
임대

016
우드 데크로 개방감을 연출하고 높이 차도 해소

비탈길이 많은 주택가에 남향의 조건 좋은 부지이지만 최대 1.6m의 높이 차이가 났다.

남쪽에 있던 돌담과 생울타리를 모두 철거하고, 진입로는 도로와의 고저 차가 가장 적은 동쪽에 배치. 거실과 일체가 되는 우드 데크를 남쪽에 놓아 공간감을 만들었다. 우드 데크는 도로의 시선을 차단하는 역할도 한다. 또한 남쪽을 개방함으로써 넓은 주차공간도 확보할 수 있었다.

제반 조건
가족 구성: 부부 + 아이 1명 + 개·새·열대어
부지 조건: 부지 면적 188.17m²
　　　　　 건폐율 50%　용적률 100%
　　　　　 차량 통행이 적은 한적한 주택가. 정면 폭 14m
　　　　　 정도, 도로와의 고저 차 0.8~1.6m

건축주의 요구 사항
• 현관까지의 진입로를 슬로프로
• 단층집
• 개방감 있는 거실과 연결되는 우드 데크

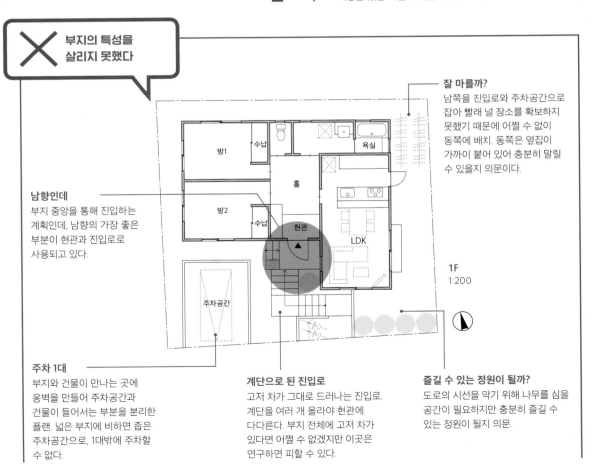

✕ 부지의 특성을 살리지 못했다

잘 마를까?
남쪽을 진입로와 주차공간으로 잡아 빨래 널 장소를 확보하지 못했기 때문에 어쩔 수 없이 동쪽에 배치. 동쪽은 옆집이 가까이 붙어 있어 충분히 말릴 수 있을지 의문이다.

남향인데
부지 중앙을 통해 진입하는 계획인데, 남향의 가장 좋은 부분이 현관과 진입로로 사용되고 있다.

주차 1대
부지와 건물이 만나는 곳에 옹벽을 만들어 주차공간과 건물이 들어서는 부분을 분리한 플랜. 넓은 부지에 비하면 좁은 주차공간으로, 1대밖에 주차할 수 없다.

계단으로 된 진입로
고저 차가 그대로 드러나는 진입로. 계단을 여러 개 올라야 현관에 다다른다. 부지 전체에 고저 차가 있다면 어쩔 수 없겠지만 이곳은 연구하면 피할 수 있다.

즐길 수 있는 정원이 될까?
도로의 시선을 막기 위해 나무를 심을 공간이 필요하지만 충분히 즐길 수 있는 정원이 될지 의문.

방1　수납　　욕실
홀
방2　수납
현관　LDK
주차공간
1F
1:200

고저 차를 체크해 영향이 가장 적은 동쪽에 진입로를

좌 우드 데크의 비밀 문
우 거실에서 본 부엌 방향. 부엌을 중심으로 한 회유동선이 만들어져 있다.

개방감 있는 거실
단층집의 박공지붕 공간을 이용한 경사천장이기 때문에 거실 상부는 큰 보이드 공간. 아이방 위에 3평이 넘는 넓은 로프트가 있다.

회유동선으로 쾌적
부엌에서 세면실로 빠지는 동선을 만들어 부엌을 중심으로 한 회유동선이 생겼다. 쇼핑 후에 현관에서 LDK를 지나지 않고 부엌으로 갈 수 있다.

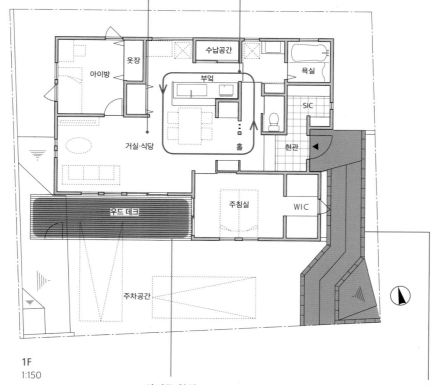

1F
1:150

야외로 확장
뛰어난 내구성을 가진 아코야 데크와 요시노의 히노키 재질 우드 데크. 거실 및 침실과도 연결되어 야외로 공간감이 확장되며 도로의 시선도 차단한다. 만약의 경우 여기를 통해 피할 수 있도록 비밀 문도 달았다.

나무와 녹음이 있는 진입로
우드 파티션과 식재를 따라 들어가는 진입로. 진입로를 동쪽에 배치하여 현관까지의 거리를 확보하고 슬로프를 만들었다.

| **부지 면적** | 188.17m² |
| **연면적** | 76.60m² |

땅의 조건

가변성

채광

타인과의 관계

차경

동선

손님

프라이버시

수납

특수한 방

다세대

임대

017

중정을 순회하는 LDK와 갤러리로 개방한 1층

언덕 경사지에 위치한 임대 사무실과 임대 갤러리를 병설한 주택. 중정을 만들어 중정과 뒤편 숲 두 방향으로 개방시켰다. 공공적 용도를 겸한 주택이기에 1층의 갤러리를 제외하면 모두 필로티로 떠 있고, 도로에서는 필로티 너머로 안쪽의 숲을 볼 수 있는 것이 특징이다. 필로티는 바람이 빠져나가는 기분 좋은 반옥외 공간으로 다양한 이벤트를 하거나 가족끼리 지내는 툇마루 같은 역할을 맡는다.

제반 조건
가족 구성: 부부 + 아이 3명
부지 조건: 부지 면적 132.47m²
　　　　　건폐율 50% 용적률 100%
　　　　　한적한 주택지. 언덕 위의 경사지이며 뒤쪽에 숲이 있다. 사각형에 가까운 변형지.

건축주의 요구 사항
• 임대 오피스와 임대 갤러리를 병설
• 부엌은 여러 사람이 쓸 수 있는 아일랜드로
• 뒤쪽 숲의 경치를 즐기고 싶다
• 소품을 포함한 대량의 수납공간

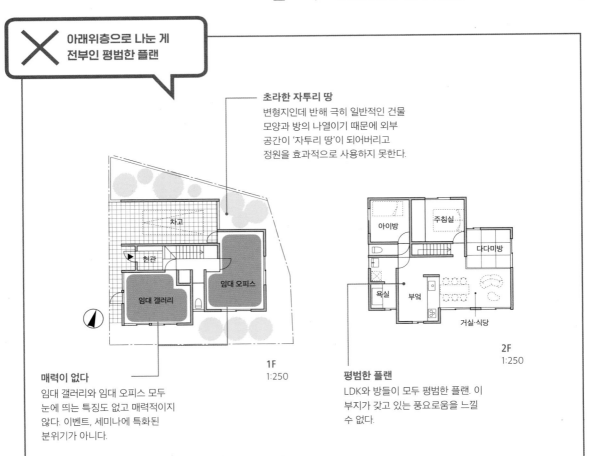

✕ 아래위층으로 나눈 게 전부인 평범한 플랜

초라한 자투리 땅
변형지인데 반해 극히 일반적인 건물 모양과 방의 나열이기 때문에 외부 공간이 '자투리 땅'이 되어버리고 정원을 효과적으로 사용하지 못한다.

1F
1:250

매력이 없다
임대 갤러리와 임대 오피스 모두 눈에 띄는 특징도 없고 매력적이지 않다. 이벤트, 세미나에 특화된 분위기가 아니다.

2F
1:250

평범한 플랜
LDK와 방들이 모두 평범한 플랜. 이 부지가 갖고 있는 풍요로움을 느낄 수 없다.

동선을 나누어
중정 중심의 플랜으로

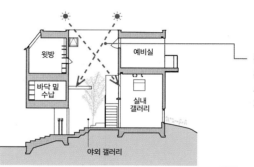

중정을 통해 들어오는 빛
중정을 통해 방은 물론이고 사무실과 갤러리로도 종일 기분 좋은 빛이 들어온다.

윗방 / **예비실** / **바닥 밑 수납** / **실내 갤러리** / **야외 갤러리**

단면
1:250

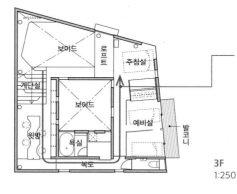

널찍하게
중정을 둘러싸고 조금씩 높아지는 방들은 중정을 회유하는 동선을 만들어 실제보다 더 넓게 느껴진다.

보어드 / **로프트** / **주침실** / **계단실** / **보어드** / **예비실** / **발코니** / **윗방** / **욕실** / **복도**

3F
1:250

상 도로 쪽 외관, 필로티, 중정, 갤러리를 지나 뒤쪽 숲까지 시야가 트여 있다.
하 2층 LDK. 중정을 돌 듯 바닥 높이가 높아지면서 생활공간이 이어진다.

중간방 / **현관** / **구석방** / **바닥 밑 수납1** / **보어드** / **보어드** / **바닥 밑 수납2** / **포치2** / **사무실** / **간이 부엌**

2F
1:250

넓은 수납공간
바닥 높이 차이를 이용해 넓은 바닥 밑 수납공간을 만들었다. 철 지난 물건 등 다양한 것들을 수납할 수 있다.

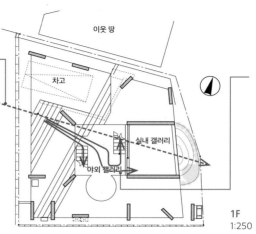

이웃 땅 / **차고** / **실내 갤러리** / **야외 갤러리**

1F
1:250

도로에서 잘 보인다
도로에서 필로티와 중정 너머로 부지 뒤쪽에 펼쳐져 있는 숲까지 잘 보인다. 필로티는 손님 접대나 리셉션 장소로 또는 가족들의 휴식 장소로 툇마루와 같은 기능을 한다.

뚜렷하게 나누다
도로에서 들어오는 동선은 중정을 이용해 주거공간으로 향하는 것, 오피스로 향하는 것, 갤러리로 향하는 것으로 뚜렷하게 나누어 각 장소의 자립성을 높였다.

부지 면적 132.47m²
연면적 158.39m²

땅의 조건
가변성
채광
타인과의 관계
차경
동선
손님
프라이버시
수납
특수한 방
다세대
임대

018

프라이버시를 지키면서 자연을 즐기는 협소 코트하우스

맞벌이 부부를 위한 집. 부지는 세 방향으로 건물이 밀집된 주택지의 한 면에 있다.

시선을 고려해 코트하우스(중정 주택) 형식을 선택했다. 포치 서쪽에 슬릿을 만들어 바람의 통로를 만들었다.

이런 설계를 통해 건물이 밀집된 환경에서도 프라이버시를 확보했다. 또 외부와의 연속성을 만들어 기분 좋은 자연의 기운을 느낄 수 있고 풍요로운 생활 환경을 만들었다.

제반 조건
가족 구성: 부부
부지 조건: 부지 면적 142.07m²
건폐율 60%, 용적률 200%
정면 폭 약 9m, 안길이 약 17m의 직사각형 부지.
도로 쪽을 제외한 세 방향에 이웃집이

건축주의 요구 사항
· 주차공간은 2대로
· 아이방을 하나 준비하고 싶다
· 부엌은 독립형으로

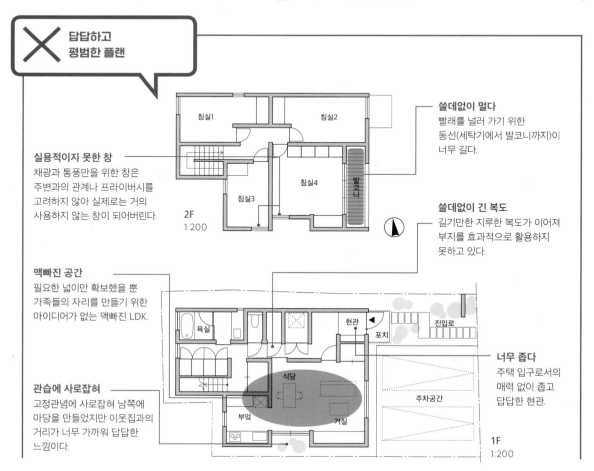

✕ **답답하고 평범한 플랜**

실용적이지 못한 창
채광과 통풍만을 위한 창은 주변과의 관계나 프라이버시를 고려하지 않아 실제로는 거의 사용하지 않는 창이 되어버린다.

침실1 침실2 침실3 침실4 발코니

2F
1:200

쓸데없이 멀다
빨래를 널러 가기 위한 동선(세탁기에서 발코니까지)이 너무 길다.

쓸데없이 긴 복도
길기만한 지루한 복도가 이어져 부지를 효과적으로 활용하지 못하고 있다.

맥빠진 공간
필요한 넓이만 확보했을 뿐 가족들의 자리를 만들기 위한 아이디어가 없는 맥빠진 LDK.

욕실 현관 포치 진입로 식당 거실 부엌 주차공간

관습에 사로잡혀
고정관념에 사로잡혀 남쪽에 마당을 만들었지만 이웃집과의 거리가 너무 가까워 답답한 느낌이다.

너무 좁다
주택 입구로서의 매력 없이 좁고 답답한 현관.

1F
1:200

중정의 빛과 녹음을 마음껏 즐기다

땅의 조건
가변성
채광
타인과의 관계
차경
동선
손님
프라이버시
수납
특수한 방
다세대
임대

좌 도로 쪽 외관. 커다란 벽으로 둘러싼 코트 하우스로 프라이버시를 지킨다.
우 2층 거실에서 본 중정 쪽. 천장고와 벽, 창의 크기 등에 변화를 주어 원룸 공간 안에 다양한 자리를 만들었다.

사람을 이끄는 빛
1층부터 조금씩 밝아져 2층 계단을 다 올라가면 눈앞에 테라스와 큰 창을 만난다. 빛에 이끌리는 듯한 공간 체험을 하게 된다.

스카이라이트
천장의 슬릿을 통해 자연광을 벽면으로 떨어뜨림으로써 계절의 추이와 시간의 변화에 따라 공간이 다양한 표정을 보여준다.

통풍창
프라이버시를 고려하면서도 바람의 통로를 확보했다.

시야가 트이다
식당에서 데크로 시야가 트여 내부와 외부가 완만하게 연결된다.

하늘이 보이는 데크
데크에 지붕이 없는 부분을 만들어 하늘과 중정의 녹음을 즐기며 데크에서 쉴 수 있다.

나무들이 보이는 거실
앉았을 때의 눈높이를 고려해 낮게 만든 창을 통해 편히 쉬면서 녹음을 즐길 수 있다.

수납공간(미래의 화장실)
식당
데크
부엌
보이드
거실

2F
1:150

미래의 아이방
가족 형태의 변화에 맞춰 향후 아이방의 용도로 바꿀 수 있는 방을 확보. 창을 통해 중정의 녹음을 즐길 수 있다.

바람의 통로
공간의 깊이와 기분 좋은 바람을 느낄 수 있도록 바람이 빠져나가는 슬릿을 만들었다.

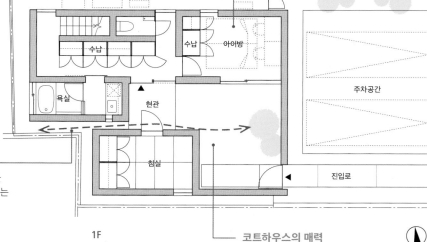

수납
수납
아이방
욕실
현관
주차공간
침실
진입로

1F
1:150

코트하우스의 매력
프라이버시를 확보하면서 자연의 기운을 느낄 수 있다.

부지 면적 142.07m²
연면적 82.99m²

019

중정·골목으로 밀집지에서도 바깥을 즐기는 도시 주택

오래 전부터 이어져온 상업 지역의 밀집지. 건설 당시에도 부지의 세 방향은 3층짜리 주택이 부지 경계선 근처까지 붙어 있었다. 그래서 민가의 전통적인 지혜라고 할 수 있는 '안뜰'을 현대식으로 변형했다.

주거 공간 중앙에 '안뜰'을 품고 있는 구성으로 거실에 안정된 채광과 충분한 환기까지 확보할 수 있는 주택이다.

제반 조건
가족 구성: 부부 + 아이 3명
부지 조건: 부지 면적 150.33m²
　　　　　건폐율 60% 용적률 150%
　　　　　조용한 주택지이지만 세 방향에 이웃집이 붙어
　　　　　있고 전면도로도 4m 밖에 없기 때문에 사방에
　　　　　압박감이 있는 부지

건축주의 요구 사항
· 가족과 자연스럽게 마주하는 평면
· 충분한 수납. 5~6m의 테이블
· 화장실은 각 층에 총 3개

✕ 부족한 점이 곳곳에 드러난다

재미도 없고 복잡
복도에 방들을 늘어세운 재미없는 플랜. 계단의 구성도 복잡하다.

충분할까?
벽면에 수납공간을 확보하고 있는데 LDK의 수납공간으로서는 편리성과 수납량이 불안하다.

균형이 맞지 않는다
발코니가 너무 커서 실내 면적과 비교해 균형이 맞지 않는다. 또한 발코니가 고립되어 있어 사용 모습이 떠오르지 않는다.

부족한 아이디어
건물 정면에서 승용차 2대 사이로 들어가는 진입로. 연출적인 면에서나 차 동선과의 관계에서도 조금 더 아이디어가 필요하다.

아쉬운 중정
다다미방이 중정과 접해 있지만, 쾌적하지는 않을 듯하다.

침실3　침실2　침실1　주침실　발코니　보이드　발코니　**3F** 1:300

발코니　부엌　식당　거실　발코니　욕실　보이드　발코니　**2F** 1:300

주차공간　서재　SIC　현관　창고　진입로　다다미방　우드 데크　**1F** 1:300

안길이를 느끼도록 발코니를 연결

좌 3층 패밀리 WIC. 가족 전체의 의류는 물론이고 여러 가지 물건을 대량으로 수납.
우 2층 LDK와 발코니. 발코니는 골목처럼 안으로 뻗어 있다.

땅의 조건

가변성

채광

타인과의 관계

차경

동선

손님

프라이버시

수납

특수한 방

다세대

임대

넓은 공유 공간
수납장과 책상 등 각 방에 공통으로 필요한 것들을 공유 공간에 모았다. 가사를 효율적으로 할 수 있고 동선을 정리해 생긴 WIC 덕분에 옷장이 필요없어진 각 방을 넓게 사용할 수 있다.

함께 공부
아이들의 학습공간을 복도와 한 공간에 만들어 가족이 함께하는 장소가 되었다.

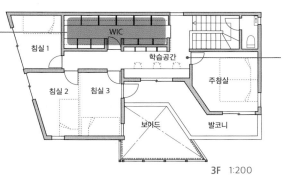

3F 1:200

창고도 겸용
팬트리를 식당 옆에 설치했다. 식재 등의 보관 외에도 갑자기 손님이 왔을 때 일시적인 창고로도 사용된다.

안길이를 만들다
발코니를 골목처럼 연결시켜 통풍과 채광을 확보하고 LDK에서 깊이감을 느낄 수 있다.

가기 편한 화장실
각 계단의 중간(1.5층과 2.5층)에 화장실을 만들어 어느 층에서나 가기 편하다. 또한 계단 안쪽에 배치해 각 방과의 거리도 적절하다.

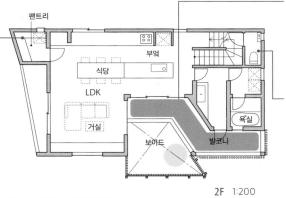

2F 1:200

밖이 보이는 현관
벽면 수납으로 현관을 콤팩트하게 정리했다. 중정을 향해 개구부를 만들어 외부와의 일체감을 높였다.

나무를 따라 걷는다
진입로를 옆으로 붙여 나무를 따라 걸으며 현관으로 향한다. 정면으로는 루버 틈새로 중정이 엿보여 골목 같은 깊이감을 연출한다.

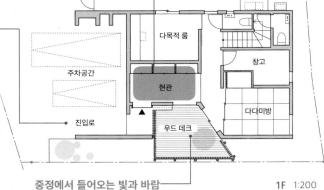

1F 1:200

중정에서 들어오는 빛과 바람
밀집지라서 어두울 수 있는 1층 방으로 중정을 통해 빛과 바람이 들어온다. 부지 남쪽에 공간을 만들어 바람이 통하도록 했다.

| **부지 면적** | 150.33m² |
| **연면적** | 186.66m² |

020

2단계 발코니로
LDK에
공간감을

북쪽으로 바다가 보이는 부지라서 바다를 향해 집을 오픈할까 고민했지만 조금만 걸어 나가면 바다라서 그냥 남쪽에 개구부를 달기로 했다. 2층의 큰 발코니는 여름의 햇볕을 피하기 위해 3층의 약 1/3을 돌출시켜 실내 발코니로 만들었다. 1층은 주로 부부 각자의 업무 공간, 2층은 큰 LDK와 게스트 룸을 겸하는 다다미방이다. 3층의 주침실은 침대에 누워서도 바다가 보이는 최고의 뷰포인트.

제반 조건
가족 구성: 부부 + 아이 1명
부지 조건: 부지 면적 148.26m²
　　　　　건폐율 60% 용적률 180%
　　　　　남북으로 좁고 긴 부지. 북쪽으로 바다를 바라볼 수 있는 환경

건축주의 요구 사항
• 1층에 부부 각자의 업무공간을
• 홈 파티가 잦으므로 차음과 방음에 신경 쓸 것
• 심플한 동선, 쾌적한 거주성

✕ 바닷가 입지에 너무 무신경하다

바다가 보이지 않는다
바다가 보이는 위치임에도 불구하고 전면 옷장으로 바깥 경치를 즐길 수 없다. 발코니는 맞은편 집과 시야가 교차한다.

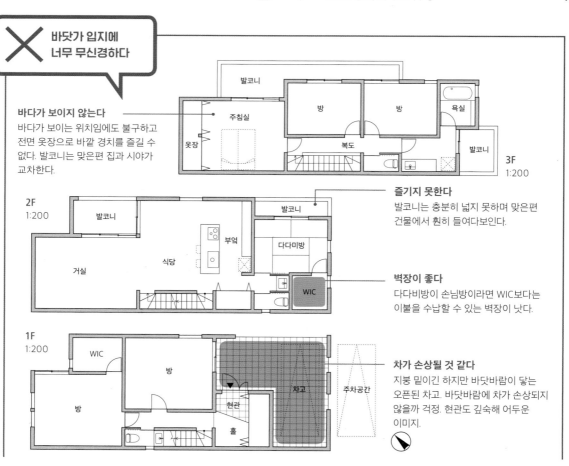

즐기지 못한다
발코니는 충분히 넓지 못하며 맞은편 건물에서 훤히 들여다보인다.

벽장이 좋다
다다비방이 손님방이라면 WIC보다는 이불을 수납할 수 있는 벽장이 낫다.

차가 손상될 것 같다
지붕 밑이긴 하지만 바닷바람이 닿는 오픈된 차고. 바닷바람에 차가 손상되지 않을까 걱정. 현관도 깊숙해 어두운 이미지.

남향 개구부로 바깥을 즐기다

2층 LDK. 큰 원룸 공간은 지붕이 있는 발코니에서 더 바깥쪽의 지붕 없는 발코니 쪽으로 펼쳐진다.

땅의 조건

가변성

채광

타인과의 관계

차경

동선

손님

프라이버시

수납

특수한 방

다세대

임대

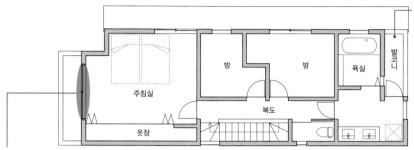

전용 발코니
햇볕도 좋고 통풍도 잘 되는 장소에 건조 전용 발코니를 설치. 이곳에 빨래를 말리므로 2층 발코니에서 빨래가 펄럭거릴 일은 없다.

방 / 방 / 욕실 / 발코니 / 주침실 / 복도 / 옷장

3F
1:150

침대에서도 바다
자다가도 바다를 볼 수 있는 주침실. 꼭대기층의 특성을 살려 지붕의 모양을 이용한 높은 천장고를 확보했다.

바다가 보이는 응접실
바다가 보이는 다다미방은 부모님과 친구를 위한 응접실. 물론 손님이 없을 때는 휴식처로 사용.

큰 원룸
큰 원룸 공간인 LDK. 부엌도 아일랜드형으로 만들어 조리 중이거나 설거지 중일 때도 가족과 함께. 도로 쪽의 창은 외부의 시선을 막는 하이사이드라이트로 빛을 받아들인다.

2단계 발코니
여름의 햇빛을 고려해 발코니는 오픈된 부분과 지붕이 있는 부분 2단계로 구성. 약 6평 정도의 넓이로 바비큐 장소로도 활용.

부엌 / 식당 / 거실 / 발코니 / 다다미방 / 도코노마 / 수납

2F
1:150

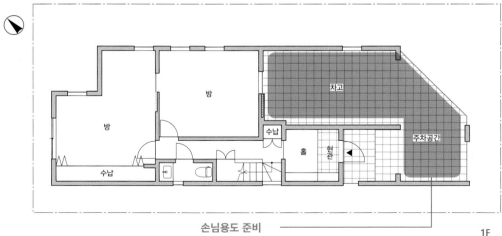

방 / 방 / 수납 / 차고 / 수납 / 홀 / 현관 / 주차공간 / 수납

손님용도 준비
1층에는 부부 각자의 방만 만들고, 주차공간을 넓게 확보. 해안의 폭풍우를 피하기 위해 실내 차고를 만들었고 도로 쪽에도 2대를 주차할 수 있는 공간을 두었다.

1F
1:150

부지 면적 148.26m²
연면적 190.65m²

021

2방향으로 돌출시켜 비용 절감과 공간감을 양립

크게 돌출된 프라이빗한 테라스를 통해 빛과 바람을 끌어들이는 밝고 개방적인 거실. 프라이버시를 확보하기 위해 벽과 루버로 둘러싸고 LDK에 큰 개구부를 설치해 외부와의 일체감도 높였다.

1층은 방을 남쪽에, 현관과 SIC는 북쪽에 배치. 테라스가 큰 차양 역할을 하며 주차장과 진입로 공간이 생겼다. 3층은 프라이빗한 공간. 루버로 외부 시선을 차단하고 각 방이 테라스와 접하도록 배치했다.

제반 조건
가족 구성: 부부 + 아이 1명 + 개
부지 조건: 부지 면적 112.86m²
        건폐율 50% 용적률 150%
        세 방향에 이웃집이 있는 밀집지. 서쪽에 공원이
        있어 사생활 보호를 위한 대책이 필요

건축주의 요구 사항
- 개방적인 거실
- 프라이버시를 보호하도록
- 바비큐를 할 수 있는 정원 등

✕ 섬세한 배려가 부족

균형이 맞지 않는다
방과 SIC의 면적을 우선한 나머지 현관이 매우 좁다.

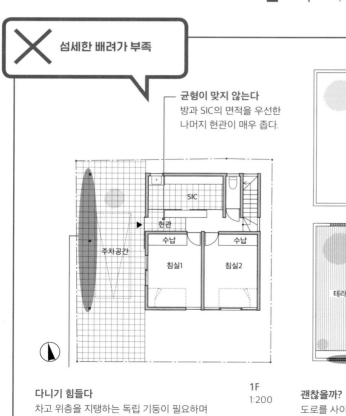

3F
1:200

2F
1:200

1F
1:200

다니기 힘들다
차고 위층을 지탱하는 독립 기둥이 필요하며 차와 기둥 사이에 일정한 거리가 필요하다. 기둥과 떨어져 안전하게 주차하면 현관까지의 통로가 좁아진다.

괜찮을까?
도로를 사이에 둔 서쪽에 공원이 있어 시선 등의 배려가 필요하다. 루버만으로는 불안하다.

수납공간 부족
부엌의 면적에 비해 수납에 여유가 없다.

큰 테라스로 2층에서도 쾌적하게

도로 쪽 외관. 앞의 도로 쪽과 오른쪽으로 돌출되어 있다. 이 돌출부로 내부의 개방감을 얻고 비용 절감을 이룰 수 있었다.

1층 현관과 홀. 현관문을 열면 넓은 공간이 맞아준다.

3F
1:150

프라이버시를 지키다
공원이 있는 도로 쪽의 창을 최대한 작게 만들어 공원의 시선을 차단. 욕실도 안쪽에 두어 프라이버시를 확보했다.

그라운드 레벨
벽으로 둘러싼 20m²의 테라스가 거실에 빛과 바람을 가져다준다. 테라스 쪽으로 개구부를 최대한 확보해 외부와의 연결성을 높였다.

숨길 수 있다
부엌 옆에 팬트리를 계획. 작아도 물건을 숨길 수 있는 수납공간이 있으면 부엌 생활이 편해진다.

2F
1:150

여유 공간
2층을 넓게 만들어 거실과 식당에 여유가 생겼다. 부엌도 I형으로 정리해 편리해졌다.

자동차도 사람도 편하게
차고 안의 기둥을 없애 주차가 쉬워지고 현관까지의 통행공간도 확보했다.

널찍한 현관
방보다 현관의 면적을 우선하여 여유 있는 현관홀로.

멋있고 싸게
동쪽과 남쪽의 2방향 캔틸레버로 2층을 돌출시켰다. 건축면적을 줄이면 예산을 낮출 수 있다. 또 1층과 3층의 넓이를 줄여 예산을 최소화했다. 2방향으로 돌출시킨 구성으로 다이내믹하고 인상적인 디자인이 되었다.

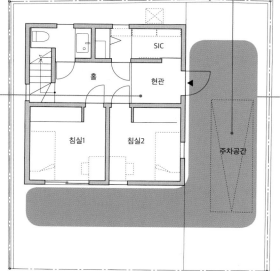

부지 면적 112.86m²
연면적 123.42m²

1F
1:150

땅의 조건
가변성
채광
타인과의 관계
차경
동선
손님
프라이버시
수납
특수한 방
다세대
임대

022

차고에서
옥상까지
남김없이 활용한
3층집

목조처럼 보이지 않는 심플하고 모던한 외관. 현관 안쪽의 홀에서 유리 너머로 빌트인 차고가 보인다.
LDK를 스킵으로 나누었는데 거실은 천장을 높이고 식당 부엌은 바닥재로 타일을 깔아 각각 다른 공간을 연출. 거실과 가까이 있는 데크 테라스와 부엌 쪽에 인접해 있는 생활용 서비스 발코니를 따로 구분했다. 욕실은 1.5평으로 넓고 안뜰이 딸려 있다. 옥상은 개의 놀이터.

제반 조건
가족 구성: 부부 + 아이 1명 + 개
부지 조건: 부지 면적 126.00m²
　　　　　　건폐율 60% 용적률 200%
　　　　　　한적한 주택가의 밀집지. 사다리꼴 모양

건축주의 요구 사항
• 차를 보며 차를 마시고 싶다
• 파티를 할 수 있는 밝은 LDK
• 우드 데크, 반려견과 놀 수 있는 옥상
• 넓은 욕실과 안뜰

✕ 건축주의 요구가 드러나지 않아

흰히 보이는 부엌
거실과 식당으로 가는 동선상에 있기 때문에 보여주고 싶지 않은 부엌 뒤편까지 흰히 들여다보인다. 음식물 쓰레기를 둘 곳조차 없다.

창이 없는 화장실
좁고 어두운 화장실. 답답하다.

좁은 욕실
건물의 크기에 비해 너무 좁은 욕실.

쓸 수 없는 세면대
넓기만 할 뿐 바쁜 아침 시간대에 1명밖에 못 쓰는 세면대.

차양
식당·부엌
데크 테라스
거실
보이드
욕실

2F
1:250

WIC
방1
홀
방2
2층 옥상
WIC
주침실

3F
1:250

지나치게 넓은 방
주침실로 쓰기엔 공간이 크다. 넓이에 비해 수납공간도 부족하다.

아무것도 아닌 공간
정원이 있으면 좋겠지만 공간이 어중간해서 개와도 놀 수 없다.

현관
홀
차고　차고
SIC

1F
1:250

쓸데없는 면적
여유로움이 중요하나 남아도는 공간은 낭비다.

차고에서 옥상까지 낭비 없이 활용

도로 쪽 외관 야경. 곡선의 벽이
부드러운 인상을 준다.

신기한 공간
계단 중간에 작은 도서관을 만들었다.
매우 밝고, 자기도 모르게 긴 시간을
보내게 되는 휴식공간.

멋있게, 기능적으로
거실에 있는 사람과 이야기하며 요리할
수 있는 아일랜드 스타일의 부엌.
실내에 두고 싶지 않은 것들은 옆의
서비스 발코니로.

무엇이든 들어가는 수납공간
청소기처럼 매일 쓰지 않는 물건 등
무엇이든 넣을 수 있는 공간.

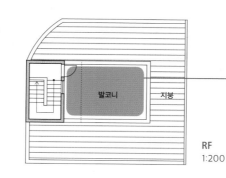

RF
1:200

강아지 놀이터로
충분한 정원을 만들지 못하는
입지를 고려해 애완견이 맘껏
뛰놀도록 넓은 옥상을 만들었다.

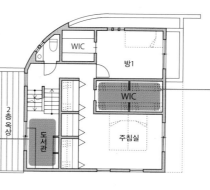

3F
1:200

보이는 수납
부부의 물건을 한 곳에 둘 수
있고 한눈에 고르고 싶은 옷을
찾을 수 있는 넓은 WIC.

2F
1:200

쉼을 위한 테라스
거실과 이어지는 넓은 테라스는
가족 모두를 위한 의자와
테이블을 놓아도 여유있는
넓이로.

덤으로 얻은 층고
DK보다 2계단 내려가는 거실은
일부를 우물천장처럼 만들어
천장이 높은 기분 좋은 공간이
되었다. 테라스의 높은 벽이
외부로부터의 시선을 차단해
커튼을 항상 열어둘 수 있다.

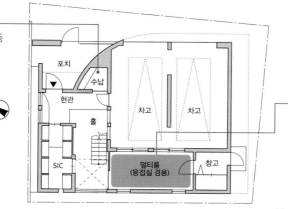

1F
1:200

차를 바라보며
응접실로도 쓰는 멀티룸. 취미인
자동차를 보며 여유롭게 차를
즐긴다. 차고 생활을 위한
작업용 수납공간도 충분.

부지 면적 126.00m²
연면적 163.32m²

땅의 조건
가변성
채광
타인과의 관계
차경
동선
손님
프라이버시
수납
특수한 방
다세대
임대

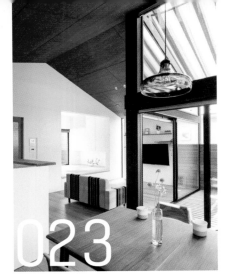

023

LDK와
하나된
외부 공간

도심까지 1시간이 채 안 걸리는 입지임에도 불구하고 서쪽에 야산을 연상시키는 넓은 녹지가 펼쳐지는 환경.

건축주는 한창 아이를 키우는 맞벌이 부부. 아이가 어릴 때는 2층에서만 생활할 수 있도록 했다. 특징은 세탁기와 연결되는 빨래 건조용 서비스 발코니를 만든 것. 그 덕분에 LDK와 연결되는 큰 발코니는 빨래 등의 서비스 기능에서 해방되어 숲을 바라보며 즐기는 주 공간이 되었다.

제반 조건
가족 구성: 부부 + 아이 1명
부지 조건: 부지 면적 129.60m²
　　　　　 건폐율 40%, 용적률 80%
　　　　　 신구 주택이 혼재하는 주택지. 서쪽에 넓은 녹지가 있다

건축주의 요구 사항
· LDK, 욕실, 모두 함께 자는 다다미방을 같은 층에
· 계단을 여유롭게
· 비가 와도 빨래를 말릴 수 있는 곳

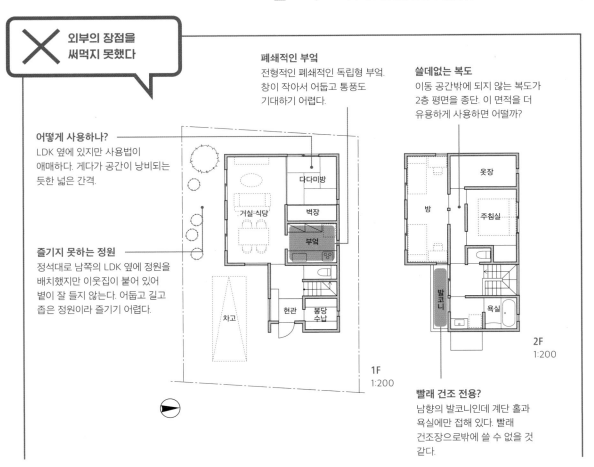

✕ 외부의 장점을 써먹지 못했다

폐쇄적인 부엌
전형적인 폐쇄적인 독립형 부엌. 창이 작아서 어둡고 통풍도 기대하기 어렵다.

쓸데없는 복도
이동 공간밖에 되지 않는 복도가 2층 평면을 종단. 이 면적을 더 유용하게 사용하면 어떨까?

어떻게 사용하나?
LDK 옆에 있지만 사용법이 애매하다. 게다가 공간이 낭비되는 듯한 넓은 간격.

즐기지 못하는 정원
정석대로 남쪽의 LDK 옆에 정원을 배치했지만 이웃집이 붙어 있어 볕이 잘 들지 않는다. 어둡고 길고 좁은 정원이라 즐기기 어렵다.

다다미방
거실·식당
벽장
부엌
현관
붕당
수납
차고

1F
1:200

옷장
방
주침실
발코니
욕실

2F
1:200

빨래 건조 전용?
남향의 발코니인데 계단 홀과 욕실에만 접해 있다. 빨래 건조장으로밖에 쓸 수 없을 것 같다.

전용 발코니에서
2층의 생활을 즐기다

좌 동쪽의 서비스 발코니.
우 숲을 마주보는 서쪽의 발코니와 LDK. 실내와 바깥이 하나가 되는 기분 좋은 공간.

2Way WIC
주침실과 복도에서 출입할 수 있는 가족 WIC. 주침실은 물론 아이방에도 옷장이 필요없어져 방을 넓게 쓸 수 있다.

숲을 바라보다
서쪽 숲을 바라보는 큰 발코니. 햇살을 부드럽게 막아주는 파고라를 설치해 여름철에 강한 태양을 차단한다.

부엌에서도 바라보다
대면식 부엌이라서 요리나 설거지를 하며 발코니 너머로 녹음을 바라볼 수 있다.

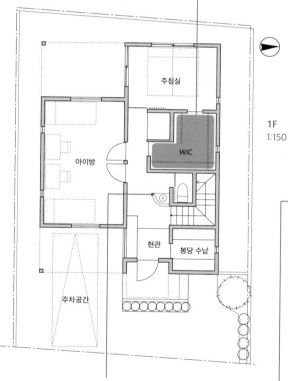

1F
1:150

2F
1:150

곧장 씻을 수 있게
현관 입구 바로 앞에 세면대를 설치해 귀가 후 바로 손을 씻을 수 있도록. 곡면 벽에 가려져 현관에서는 보이지 않는다.

다목적용 다다미방
거실 옆의 바닥을 한 단 높인 다다미방. 다다미 아래에 넉넉한 수납공간을 만들었다. 거실과는 다른 휴식 장소이며, 가족이 모두 잘 수 있다. 동쪽 발코니에서 빛이 충분히 들어온다.

빨래 건조 전용
욕실 옆에 메인 발코니와는 별도로 건조 전용 발코니를 만들었다. 높은 난간으로 외부의 시선을 차단했다. 세탁 동선도 짧아졌다.

동선상의 세면실
LDK에서 욕실로 향하는 통로 상에 세면대를 설치. 넓고 개방적인 데다 상부의 톱 라이트를 통해 환한 빛이 떨어진다.

빨래 건조를 겸하다
세면대를 통로로 꺼냄으로써 천장이 높은 탈의실이 널찍한 공간이 되었다. 승강식 건조대를 설치했다.

부지 면적 129.60m²
연면적 102.62m²

땅의 조건
가변성
채광
타인과의 관계
차경
동선
손님
프라이버시
수납
특수한 방
다세대
임대

024

좁고 기다란 부지에 쾌적한 2층 중정

이웃 건물들이 빼곡하게 들어서 있는 정면 2칸(1칸은 약 1.818m)짜리 집. 빛을 어떻게 받아들일지가 포인트.

동쪽 경계와 거리를 두어 2층 중정 형식의 집을 제안. 향후 동쪽 집이 재건축 되더라도 채광을 확보하기 위해 2층 욕실 위에 방을 만들지 않았고 중정 발코니에서 톱 라이트를 통해 1층으로도 빛이 떨어지도록 고안했다. 널찍한 현관 봉당은 취미를 즐기는 공간이 되었다.

제반 조건
가족 구성: 부부 + 아이 2명
부지 조건: 부지 면적 80.54m²
　　　　　 건폐율 60% 용적률 200%
　　　　　 밀집지에 있는 정면 폭 3.92m의 폭이 좁고
　　　　　 안길이가 깊은 협소 부지. 양쪽 옆집이 초근접

건축주의 요구 사항
· 안길이를 느낄 수 있도록
· 계절을 느낄 수 있는 집으로
· 가족 각자의 취미 공간

✕ 채광에 대한 계획이 없다

채광 포기
1층 채광을 포기한 전형적인 플랜. 이런 부지에서 흔히 볼 수 있는 배치이지만 여백을 늘려 조금이라도 빛을 끌어들이면 좋겠다.

무의미한 보이드
개방감은 있지만 남쪽을 통한 채광이 불가능하다.

쓸데없는 복도
보이드를 사이에 두고 방을 배치하면 무의미한 긴 복도가 생긴다.

여기밖에 없어
거실과 접해 있어 개방감 있는 커다란 발코니지만 다른 발코니가 없어서 빨래 건조도 쓰레기 관리도 이곳에서 하게 된다. 도로면이라 다른 사람의 시선도 신경 쓰이고 2층의 채광이 여기를 통해서만 가능하므로 신경 쓰인다.

1F 1:200
2F 1:200
3F 1:200

수납 / 다다미방 / WIC / 현관 / 실내 차고 / 주차공간 / 욕실 / LDK / 발코니 / 아이방2 / 보이드 / 아이방1

미래까지 예측해
빛의 통로를 확보하다

중정 쪽에서 본 2층 LDK. 보이드 상부에 난간을 겸하는 탁자가 보인다.

땅의 조건

가변성

채광

타인과의 관계

차경

동선

손님

프라이버시

수납

특수한 방

다세대

임대

금방 말릴 수 있다
욕실 바로 옆에 건조 발코니를 설치했다. 벗고 세탁하고 말리는 일련의 세탁 동선이 짧아 집안일이 편해진다.

중정을 통한 채광
FRP 발코니 위에 우드 데크를 얹은 중정을 통해 채광. 중정은 LDK와 욕실·세면실을 나누는 역할도 한다. 중정의 톱 라이트를 통해 1층으로도 빛이 떨어진다.

빛을 확보하다
3층 동쪽에는 일부러 방을 만들지 않았다. 동쪽 부지의 건물이 재건축되어 그늘이 생기더라도 이곳을 비워두면 중정의 햇볕을 받을 수 있다.

다목적으로 쓰다
조금이지만 여백을 남겨 동쪽으로도 빛을 받아들인다. 지면은 봉당처럼 마감해 다목적으로 사용할 수 있다.

하나의 방처럼
널찍하게 잡은 현관 봉당은 바닥을 앤티크 가공한 플로링으로 만들어 하나의 방처럼 꾸몄다. 현관문을 여는 순간 실내가 넓어지는 느낌이 든다.

안뜰

수납 / 다다미방

WIC

현관 마루 / 수납 / 현관 / 수납

실내 차고

1F
1:150

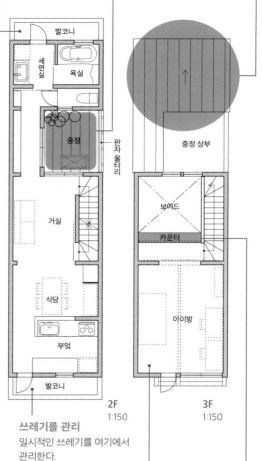

발코니

세면실 / 욕실

중정 / 판자 울타리

중정 상부

보이드

카운터

거실

식당

아이방

부엌

발코니

2F
1:150

3F
1:150

쓰레기를 관리
일시적인 쓰레기를 여기에서 관리한다.

지금은 넓게
3층 아이방은 일단 하나로 만들어 놓고 향후 방이 더 필요해지면 칸막이를 할 수 있도록 창과 전원, 조명 등을 계획했다.

인기척을 느끼면서
아이방 앞의 복도에 난간을 겸하는 탁자를 설치. 보이드를 향해 발을 뻗고 앉으면 여기서 숙제를 할 수도 있다. 보이드로 연결된 아래층 가족들의 인기척을 느낄 수 있다.

부지 면적 80.54m²
연면적 112.08m² (차고 포함)

025

좁고 긴 공간에 다채로운 깊이감을

3층짜리 주택으로 둘러싸여 폐쇄적이기 쉬운 환경. 안길이가 긴 부지의 특징을 살려 중정을 2개 넣은 길쭉한 집을 만들었다. 1층은 그늘이 있는 좁은 골목 같은 공간이 특징이며, 2층은 천장이 높고 중정을 통해 종일 변화무쌍한 빛이 비쳐드는 넓은 공간이다.

공간을 구부림으로써 장소를 분절하고 깊이감을 연출했다. 거실은 바닥을 파서 아늑하고 편안하게 만들었다.

제반 조건
가족 구성: 부부 + 아이 2명
부지 조건: 부지 면적 109.11m²
　　　　　건폐율 50% 용적률 100%
　　　　　정면 폭에 비해 안길이가 있는 좁고 긴 부지.
　　　　　근린상업지역으로, 주위에 3층짜리 주택도 있다

건축주의 요구 사항
· 가족이 가까워지는 집
· 다다미, 미닫이문, 안뜰 같은 정원이 있었으면
· 골동품, 도자기 수집 취미를 위한 공간

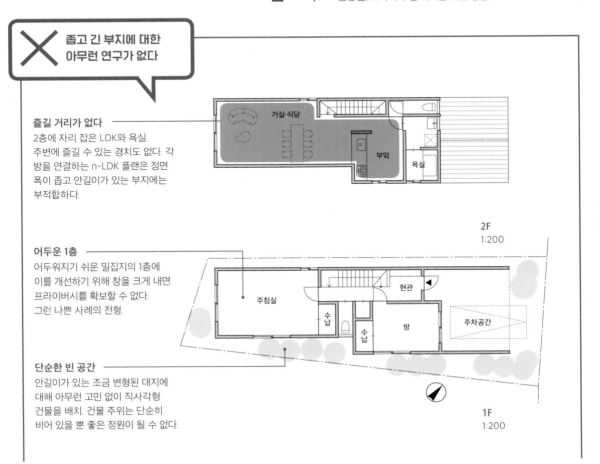

✕ **좁고 긴 부지에 대한 아무런 연구가 없다**

즐길 거리가 없다
2층에 자리 잡은 LDK와 욕실. 주변에 즐길 수 있는 경치도 없다. 각 방을 연결하는 n-LDK 플랜은 정면 폭이 좁고 안길이가 있는 부지에는 부적합하다.

어두운 1층
어두워지기 쉬운 밀집지의 1층에 이를 개선하기 위해 창을 크게 내면 프라이버시를 확보할 수 없다. 그런 나쁜 사례의 전형.

단순한 빈 공간
안길이가 있는 조금 변형된 대지에 대해 아무런 고민 없이 직사각형 건물을 배치. 건물 주위는 단순히 비어 있을 뿐 좋은 정원이 될 수 없다.

2F
1:200

1F
1:200

공간을 구부려 깊이감을 연출하다

좌 1층 통로. 발밑의 빛에 이끌려 안으로 들어간다.
우 2층 거실에서 본 DK 방향.

단차로 나누다
DK와 거실(남쪽 방)은 각도를 다르게 만들고 4계단의 단차를 두었다. 이로 인해 하나로 연결되면서 DK와는 다른 장소로 인식된다. DK와는 다른 각도에서 정원을 즐길 수 있다.

서재
다다미방
벽장
보이드
보이드
남쪽 방
중간 방
북쪽 방
보이드

2F
1:200

풍경을 이루는 중정
벽으로 둘러싸인 프라이빗한 중정은 실내에 빛을 전달함과 동시에 풍경을 만들어내 이동하는 것조차 즐겁게 해준다. 계절마다 시간과 함께 변하는 빛과 그림자를 이동하면서 음미할 수 있다.

벽으로 둘러싸다
높은 벽을 둘러 중정까지 감싸면 바깥의 시선을 차단할 수 있다. LDK에서도 중정을 향해 활짝 개방할 수 있으므로 빛과 바람이 충분히 들어온다.

골목길처럼
직선으로 만들지 않아 골목길을 돌 듯 이동을 즐길 수 있다. 단조로워지기 쉬운 좁고 긴 부지의 특성을 거꾸로 활용해 풍요로운 공간을 연출했다.

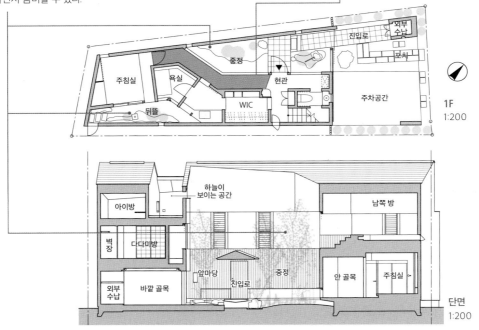

외부 수납
진입로
주차
중정
현관
주침실
욕실
WIC
뒤뜰
주차공간

1F
1:200

아이방
하늘이 보이는 공간
남쪽 방
벽장
다다미방
외부 수납
바깥 골목
앞마당
진입로
중정
안 골목
주침실

단면
1:200

부지 면적 109.11m²
연면적 109.21m²

땅의 조건
가변성
채광
타인과의 관계
차경
동선
손님
프라이버시
수납
특수한 방
다세대
임대

026

협소지에서 즐기는 대형 스크린

법적으로는 목조 2층이지만 2층 주침실을 3층 높이로 올려 거실의 천장고를 4.25m 확보. 이로 인해 2층의 플레이룸에서 거실(홀) 상부에 설치된 150인치 스크린에 영상을 비출 수 있다. 이동 부스를 설치한 2층의 플레이룸은 아이를 위한 공간으로 거실 위에. 상하층이 하나로 이어지는 거실 공간은 손님들이 포치에서 직접 출입할 수 있는 개방적인 공간이다.

제반 조건
가족 구성: 부부 + 아이 1명
부지 조건: 부지 면적 81.00m²
　　　　　건폐율 50%　용적률 80%
　　　　　사설 도로 안쪽의 막다른 곳에 있는 오래된
　　　　　택지를 3분할한 가운데 땅. 남사면이라 2층에서
　　　　　고지대의 풍경할 수 있다.

건축주의 요구 사항
· 밴드의 라이브 공연을 보는 듯한 대형 스크린
· 아이의 공간은 개방적인 워크 스페이스로
· 높이 변화와 공간의 연속성 등으로 넓어 보이게

✕ AV룸 때문에 나머지 공간이 버려지다

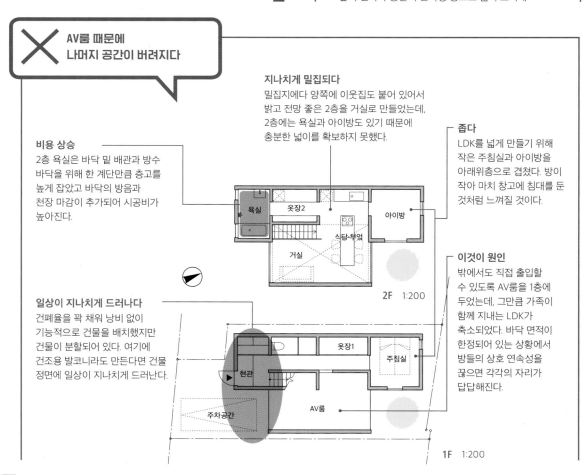

지나치게 밀집되다
밀집지에다 양쪽에 이웃집도 붙어 있어서 밝고 전망 좋은 2층을 거실로 만들었는데, 2층에는 욕실과 아이방도 있기 때문에 충분한 넓이를 확보하지 못했다.

비용 상승
2층 욕실은 바닥 밑 배관과 방수 바닥을 위해 한 계단만큼 층고를 높게 잡았고 바닥의 방음과 천장 마감이 추가되어 시공비가 높아진다.

좁다
LDK를 넓게 만들기 위해 작은 주침실과 아이방을 아래위층으로 겹쳤다. 방이 작아 마치 창고에 침대를 둔 것처럼 느껴질 것이다.

이것이 원인
밖에서도 직접 출입할 수 있도록 AV룸을 1층에 두었는데, 그만큼 가족이 함께 지내는 LDK가 축소되었다. 바닥 면적이 한정되어 있는 상황에서 방들의 상호 연속성을 끊으면 각각의 자리가 답답해진다.

일상이 지나치게 드러나다
건폐율을 꽉 채워 낭비 없이 기능적으로 건물을 배치했지만 건물이 분할되어 있다. 여기에 건조용 발코니라도 만든다면 건물 정면에 일상이 지나치게 드러난다.

욕실　옷장2
식당·부엌
아이방
거실
2F　1:200

옷장1
주침실
현관
AV룸
주차공간
1F　1:200

2층의 바닥 높이를 달리해 다양한 요구를 충족

좌 중2층 안에서 본 현관 방향. 1층 동쪽은 천장고 4.25m의 큰 공간.
우 중2층에서 2층 침실로 올라가는 계단. 계단 밑에 난간을 겸하는 테이블이 보인다.

가변성과 개방감

2층은 장차 아이방이 될 예정. LDK 상부로 개방되어 있고 난간을 겸하는 테이블이 설치되어 있다. LDK 상부를 통해 빛과 시선이 오가며 바닥 면적으로는 상상할 수 없는 공간감을 획득했다. 플레이룸에는 아이를 위해 이동식 부스(침대)를 만들어 자유로운 레이아웃을 즐길 수 있도록 했다.

보이드 위의 침실

2층의 주침실을 보통보다 2m 정도 높게 만들고 1층 LDK의 천장고를 4.25m로 확보. 남쪽의 고창을 통해 LDK에 충분한 햇빛을 받아들일 수 있고 하늘도 보인다.

2F 1:200

대형 스크린

거실 벽에 매달린 150인치 전동 스크린은 2층 플레이룸 벽에 프로젝터를 세팅하여 투영 거리를 확보. 플레이룸의 테이블을 관람석 삼아 영상을 즐길 수 있다.

은밀한 발코니

현관 상부에 외벽을 돌출시키고 건축 면적에 들어가지 않도록 FRP 그레이팅을 얹어 발코니를 만들었다. 채광을 위한 중정인 동시에 건조 발코니이기도. 일반적인 발코니와 달리 건물의 인상을 정돈해주고 실내에서는 '프라이빗한 외부 공간'으로서 안팎의 시선을 연결한다.

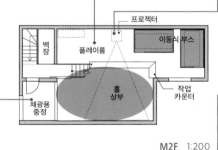

M2F 1:200

통합하여 비용 절감

부엌, 욕실, 화장실을 모두 1층에 모으면 설비 배관 비용을 최소로 줄일 수 있다.

1층 LDK의 장점

LDK가 현관과 가까워 차에 짐을 넣고 빼기 편하다. 아이가 놀거나 파티를 할 때도 요긴하게 이용할 수 있다.

북쪽의 서비스 야드

건폐율이 꽉 찬 와중에도 직사각형으로 잘 만든 북쪽의 중정. 세면실과 욕실을 이곳과 연결하여 빨래 건조와 창고 용도의 서비스 야드로 이용할 수 있다.

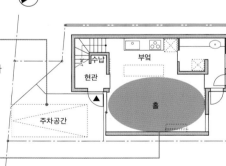

1F 1:200

1층도 밝게

주위에 건물이 많지만 상하좌우로 시야를 확보하고 공간을 연결해 밝고 개방적으로 만들었다.

단면 1:200

2층 건물로 만드는 아이디어

거실 상부의 주침실로 올라가는 계단은 3층으로 올라가는 계단처럼 보이지만 건축법 상으로 2층 건물이다. 법률상으로는 모든 장소가 2층 이하면 되므로 3층 높이에 방이 있어도 아래층이 보이드면 2층 건물이 된다.

부지 면적 81.00㎡
연면적 80.66㎡

땅의 조건
가변성
채광
타인과의 관계
차경
동선
손님
프라이버시
수납
특수한 방
다세대
임대

027

천장고를 4.2m로 높여 1층을 밝게

깃대 모양 부지에 지은 집의 1층은 어둡고 통풍도 잘 되지 않는 공간이 되기 쉽지만 이 집은 1층에 4.2m 의 천장고를 가진 넓은 공간(LDK)을 만들어 빛과 바람을 충분히 끌어들였다.

1층이 큰 풍량을 가지는 만큼 2층 방에는 '다락방' 같은 공간의 재미가 생긴다. 이웃집과 바닥의 높이가 반 층씩 어긋나기 때문에 창도 자유롭게 설치할 수 있다.

제반 조건
가족 구성: 부부 + 아이 2명
부지 조건: 부지 면적 123.93m²
　　　　　건폐율 50%　용적률 100%
　　　　　한적한 주택가의 깃대 모양 부지. 작은 부지들이
　　　　　늘고 있지만 큰 부지의 녹음도 보인다

건축주의 요구 사항
- 창고처럼 넓은 공간
- '바깥'을 느낄 수 있는 집
- 우드 데크가 있었으면

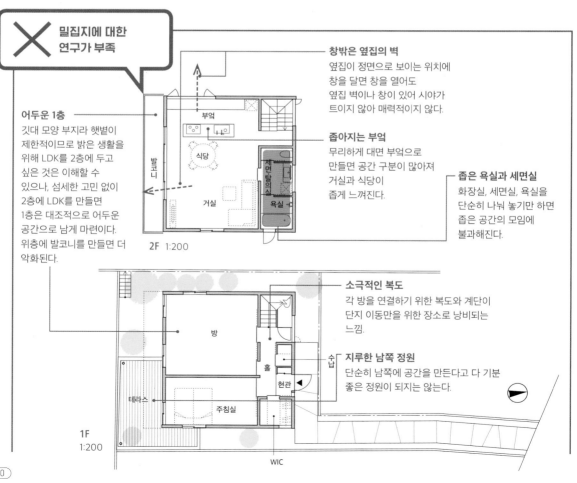

✕ 밀집지에 대한 연구가 부족

어두운 1층
깃대 모양 부지라 햇볕이 제한적이므로 밝은 생활을 위해 LDK를 2층에 두고 싶은 것은 이해할 수 있으나, 섬세한 고민 없이 2층에 LDK를 만들면 1층은 대조적으로 어두운 공간으로 남게 마련이다. 위층에 발코니를 만들면 더 악화된다.

창밖은 옆집의 벽
옆집이 정면으로 보이는 위치에 창을 달면 창을 열어도 옆집 벽이나 창이 있어 시야가 트이지 않아 매력적이지 않다.

좁아지는 부엌
무리하게 대면 부엌으로 만들면 공간 구분이 많아져 거실과 식당이 좁게 느껴진다.

좁은 욕실과 세면실
화장실, 세면실, 욕실을 단순히 나눠 놓기만 하면 좁은 공간의 모임에 불과해진다.

2F　1:200

부엌 / 식당 / 거실 / 발코니 / 세면·탈의실 / 욕실

소극적인 복도
각 방을 연결하기 위한 복도와 계단이 단지 이동만을 위한 장소로 낭비되는 느낌.

지루한 남쪽 정원
단순히 남쪽에 공간을 만든다고 다 기분 좋은 정원이 되지는 않는다.

1F　1:200

방 / 홀 / 수납 / 현관 / 테라스 / 주침실 / WIC

1층을 크게 만들어 단점을 극복하다

좌 2층 욕실. 욕실의 칸막이도 유리로 만들어 답답함을 줄였다.
우 1층 LDK. 천장고 4.2m의 개방적인 큰 공간. 중앙의 기둥을 기준으로 LDK 쪽과 거실 쪽이 자연스럽게 나뉜다.

자리를 만들어주다
흰색의 넓은 공간에 일부러 강철 기둥을 세웠다. 대들보처럼 중심 부근에 세워진 기둥은 공간의 악센트가 되는 동시에 가구와 사람이 있을 자리를 만들어준다.

큰 방들
1층 LDK와 마찬가지로 실내에 구조벽을 만들지 않았기 때문에 칸막이와 문을 자유롭게 변경할 수 있다.

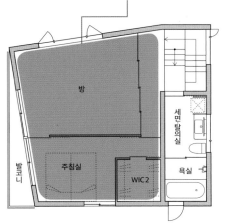

2F 1:150

단면 1:150

풍부한 풍량
4.2m의 천장고를 가진 창고 같은 큰 공간을 만들고 주위에 창을 설치해 1층에서도 빛과 바람을 충분히 받아들일 수 있다.

천장이 높은 욕실
중간층에 설치된 욕실. 동선상 사용하기 편한 위치에 있을 뿐만 아니라 높은 천장고를 확보. 하늘이 보이는 기분 좋은 욕실이다.

빙빙 돌아서
벽의 각도를 틀어 부지 경계와 건물의 거리에 강약을 줌으로써 틈새 공간에 활기가 생기고 아이들이 뛰어다닐 수도 있다.

즐거운 계단
여유 있는 치수로 만들고 층계참에 테이블을 설치해 아이가 머물 수 있는 장소를 만들었다.

1F
1:150

비스듬한 외벽과 큰 개구부
바깥 벽면을 옆집 경계와 비스듬히 틀고 큰 개구부를 만듦으로써 이웃집들의 틈새 방향으로 시야가 트여 멀리 있는 숲의 나무들과 하늘을 볼 수 있다.

부지 면적 123.93m²
연면적 101.88m²

땅의 조건 / 가변성 / 채광 / 타인과의 관계 / 차경 / 동선 / 손님 / 프라이버시 / 수납 / 특수한 방 / 다세대 / 임대

028

변형 부지를 최대한 활용하는 법

거실을 주택의 중심에 두고 그 주위에 필요한 방들과 데크를 배치했다. 거실 바닥을 반 층 올려 보이드를 통해 2층과 연결시키고, 하이사이드 라이트를 이용해 계절과 주위 환경에 관계없이 밝고 트인 공간을 만들었다. 식당과 부엌은 기존 부지의 고저 차를 살려 거실과 식당 부엌을 완만하게 구분하고 있다.

밝은 거실을 중심으로 주위 환경에 관계없이 언제나 가족들이 커뮤니케이션을 할 수 있는 집이다.

제반 조건

가족 구성: 부부 + 아이 2명
부지 조건: 부지 면적 288.50m²
　　　　　건폐율 60% 용적률 200%
　　　　　정면 폭 4.5m, 안길이 55m의 변형 깃대 부지이며
　　　　　부지 내에 1m의 높이 차가 있다

건축주의 요구 사항

· 변형 부지를 역이용하고 싶다
· 거실은 최대한 넓게
· 여름에 시원하고 겨울에 따뜻하게

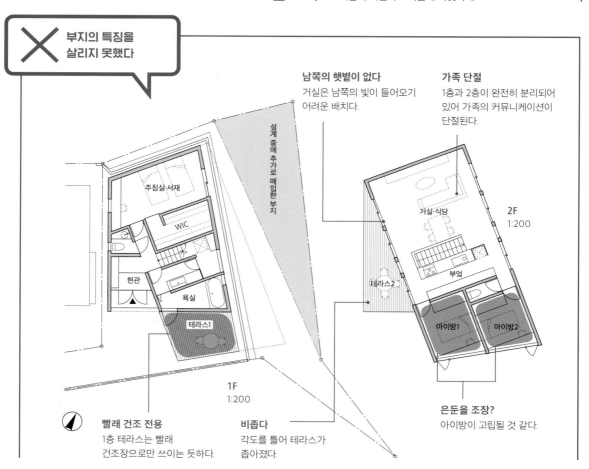

✕ 부지의 특징을 살리지 못했다

남쪽의 햇볕이 없다
거실은 남쪽의 빛이 들어오기 어려운 배치다.

가족 단절
1층과 2층이 완전히 분리되어 있어 가족의 커뮤니케이션이 단절된다.

설계 중에 추가로 매입한 부지

주침실·서재
WIC
현관
욕실
테라스1

1F
1:200

거실·식당
테라스2
부엌
아이방1
아이방2

2F
1:200

은둔을 조장?
아이방이 고립될 것 같다.

빨래 건조 전용
1층 테라스는 빨래 건조장으로만 쓰이는 듯하다.

비좁다
각도를 틀어 테라스가 좁아졌다.

변형지의
장점을 극대화

땅의 조건

가변성

채광

타인과의 관계

차경

동선

손님

프라이버시

수납

특수한 방

다세대

임대

좌 식당 안쪽에서 본 거실 방향.
우 현관 앞에서 본 모습. 상부
하이사이드 라이트의 바깥쪽은
회유할 수 있는 옥상이다.

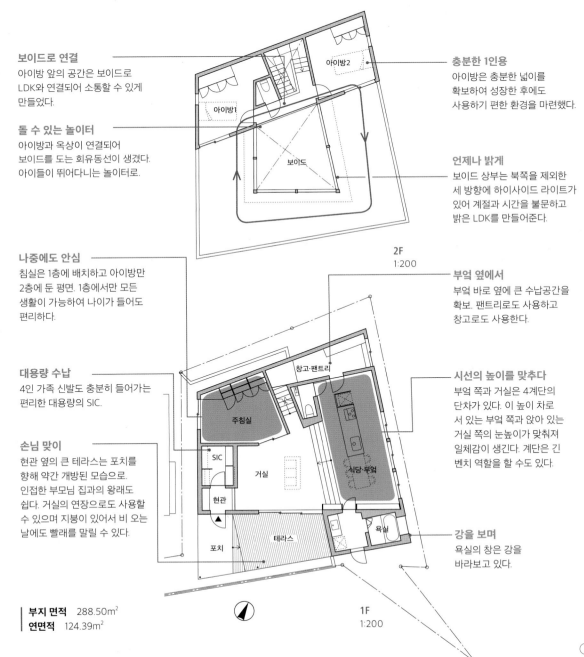

보이드로 연결
아이방 앞의 공간은 보이드로
LDK와 연결되어 소통할 수 있게
만들었다.

돌 수 있는 놀이터
아이방과 옥상이 연결되어
보이드를 도는 회유동선이 생겼다.
아이들이 뛰어다니는 놀이터로.

나중에도 안심
침실은 1층에 배치하고 아이방만
2층에 둔 평면. 1층에서만 모든
생활이 가능하여 나이가 들어도
편리하다.

대용량 수납
4인 가족 신발도 충분히 들어가는
편리한 대용량의 SIC.

손님 맞이
현관 옆의 큰 테라스는 포치를
향해 약간 개방된 모습으로.
인접한 부모님 집과의 왕래도
쉽다. 거실의 연장으로도 사용할
수 있으며 지붕이 있어서 비 오는
날에도 빨래를 말릴 수 있다.

충분한 1인용
아이방은 충분한 넓이를
확보하여 성장한 후에도
사용하기 편한 환경을 마련했다.

언제나 밝게
보이드 상부는 북쪽을 제외한
세 방향에 하이사이드 라이트가
있어 계절과 시간을 불문하고
밝은 LDK를 만들어준다.

부엌 옆에서
부엌 바로 옆에 큰 수납공간을
확보. 팬트리로도 사용하고
창고로도 사용한다.

시선의 높이를 맞추다
부엌 쪽과 거실은 4계단의
단차가 있다. 이 높이가 차로
서 있는 부엌 쪽과 앉아 있는
거실 쪽의 눈높이가 맞춰져
일체감이 생긴다. 계단은 긴
벤치 역할을 할 수도 있다.

강을 보며
욕실의 창은 강을
바라보고 있다.

아이방2

아이방1

보이드

2F
1:200

창고·팬트리

주침실

SIC

거실

식당·부엌

현관

▲

포치

테라스

욕실

부지 면적 288.50m²
연면적 124.39m²

1F
1:200

029

창의
다양한 높이로
밀집지에서도
밝게

단독주택과 목조 아파트가 즐비한 도심의 밀집지. 좁은 골목길의 가장 안쪽 막다른 곳이다. 이런 환경에서 '밝고 개방적인 주거 공간'과 '주위의 잡다한 인상과는 다른 스타일시한 외형의 집'을 요청받았다.

각 층의 바닥 높이, 개구부의 위치, 평면 외형을 철저히 검토하여 프라이버시를 지키면서 빛과 바람, 넓은 공간감을 최대한 얻을 수 있도록 시도했다.

제반 조건
가족 구성: 부부 + 아이 2명
부지 조건: 부지 면적 80.09m²
　　　　　 건폐율 60% 용적률 150%
　　　　　 4m 도로의 막다른 골목 안쪽. 부정형의 토지

건축주의 요구 사항
· 깔끔하고 심플한 외관
· 밝고 개방적인 공간

✕ **정형 평면에 집착해
부족한 점투성이**

깔끔하지 않다
사선 제한으로 3층 부분을 셋백(setback)시켜야 하므로 파사드가 들쭉날쭉해졌다.

위치가 나쁘다
도로 사선에 부딪히므로 위치를 비틀 수 없다. 방들과의 균형도 맞지 않는다.

도로
주차공간
WIC
주침실
홀
포치
현관

아이방2
아이방1
3F 1:200

욕실
부엌
식당
거실
발코니
2F 1:200

1F 1:200

정원이 좁다
북쪽 사선에 닿지 않도록 건물을 남쪽으로 붙이면 정원이 좁고 어두워진다.

이웃집과 너무 가깝다
밀집지라 부주의하게 창을 설치하면 옆집 창과 시선이 닿아 편히 여닫지 못한다.

좁은 발코니
남쪽에 있지만 정원과 마찬가지로 비좁고 간신히 빨래나 말릴 수 있는 외로운 외부 공간.

평단면을 연구해 밝고 개방적으로

땅의 조건

가변성

채광

타인과의 관계

차경

동선

손님

프라이버시

수납

특수한 방

다세대

임대

2층 LDK에서 3층으로 올라가는 계단. 계단 너머로 루프 테라스가 보인다.

밀집지에서도 외부 공간
큰 루프 발코니에서는 빛과 바람을 마음껏 즐길 수 있다. 협소부지지만 기분 좋은 외부 공간을 획득.

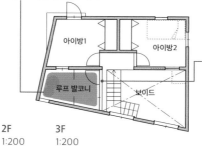

넓은 LDK
2층은 원룸의 개방적인 LDK. 가벼운 철골 계단이 시선을 위쪽으로 유도한다.

거실 식당 부엌

아이방1 아이방2 루프 발코니 보이드

2F
1:200

3F
1:200

하늘과 이어지다
LDK 상부의 보이드는 루프 발코니 너머로 하늘을 볼 수 있게 해준다.

깔끔한 외관
3층까지 쭉 뻗은 깔끔한 외형을 구현.

도로 주차공간 포치 현관 복도 욕실 수납 주침실

1F
1:200

루프 발코니 거실 식당 현관 주침실

조금 비틀다
바닥의 가장자리 부분을 조금 들어 올리고 층과 층 사이에 창을 만들었다. 옆집 창과 시선이 교차하는 것을 막고 밝은 햇살을 실내로 유도한다.

상 2층 부엌과 식당. 톱 라이트의 빛이 보이드 쪽으로 열린 창을 통해 아이방2로 전해진다.
하 거실 상부. 루프 발코니의 바닥을 조금 높여 하이사이드 라이트를 만들었다.

부지 면적 80.09m²
연면적 99.78m²

깃대 모양의 부지에 건폐율 50%, 용적률 100%. 게다가 주위에 이웃집이 가까이 붙어 있어 도로 쪽의 정면 이외에는 채광이 거의 안 되는 열악한 조건.

스킵 플로어를 채택해 3층 높이의 톱 라이트를 통해 1층 거실까지 빛이 떨어지도록 했다. 그 빛은 스켈레톤 계단을 빠져나가 각 층에 도달한다. 또 용적 완화를 이용해 반지하를 만들어 수납량을 확보했다. 미국적이고 팝적인 인테리어도 특징.

030
스킵 플로어의
각층으로
빛이
쏟아져 내리다

제반 조건
가족 구성: 부부 + 아이 3명
부지 조건: 부지 면적 90.99m²
　　　　　건폐율 50% 용적률 100%
　　　　　조용한 고급 주택가에 있는 깃대 모양의 부지.
　　　　　옆집과 근접해 있다.

건축주의 요구 사항
• 밝은 거실과 넓은 발코니
• 가족이 항상 연결될 수 있는 평면
• 세면 공간을 넓게

✕ 인접한 옆집에 대한 대처가 부족

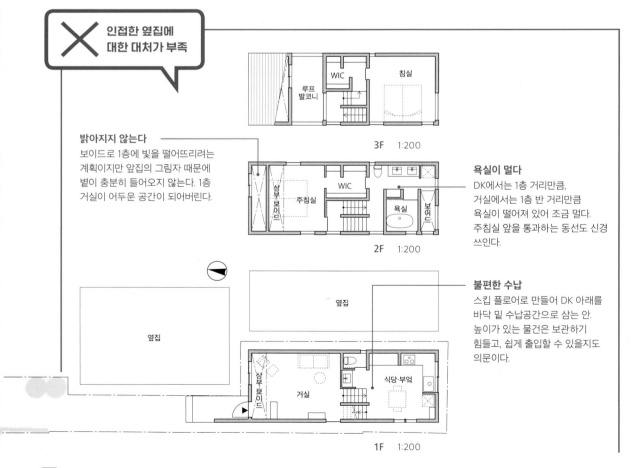

밝아지지 않는다
보이드로 1층에 빛을 떨어뜨리려는 계획이지만 앞집의 그림자 때문에 볕이 충분히 들어오지 않는다. 1층 거실이 어두운 공간이 되어버린다.

3F　1:200

욕실이 멀다
DK에서는 1층 거리만큼, 거실에서는 1층 반 거리만큼 욕실이 떨어져 있어 조금 멀다. 주침실 앞을 통과하는 동선도 신경 쓰인다.

2F　1:200

불편한 수납
스킵 플로어로 만들어 DK 아래를 바닥 밑 수납공간으로 삼는 안. 높이가 있는 물건은 보관하기 힘들고, 쉽게 출입할 수 있을지도 의문이다.

1F　1:200

**톱 라이트를 통해
현관 봉당까지 밝게**

좌 1층 봉당 거실에서 안쪽을 본 모습. 계단을 오르면 DK로 이어진다.
우 DK에서 본 현관 방향. 스켈레톤 계단으로 시야가 트여 공간의 연결성을 강화한다.

기분 좋은 장소
북쪽이지만 부지 안에서
유일하게 시야가 트이는 위치에
루프 발코니를 만들었다.
3층이라 프라이빗한 느낌까지
기분 좋은 장소가 되었다.

상부 톱 라이트

루프 발코니

프리
스페이스

침실

3F 1:150

여유 있는 욕실
열악한 조건에도 불구하고
여유 있는 욕실 공간을 확보.
LDK에서 주침실 앞을 지나지
않고 갈 수 있고 아이가
셋이라는 가족 구성을 생각해
세면볼도 2개 설치했다.

계단을 통해서도 빛
스킵 플로어를 연결하는
스켈레톤 계단이 위층에
비쳐드는 빛을 아래층으로
떨어뜨린다. 스켈레톤 계단이
공간의 일체감도 선사한다.

욕실

보이드

홀

홀

주침실

2F 1:150

밝은 봉당 거실
현관 겸용의 봉당 거실은
보이드가 있는 밝은 공간.
식당·부엌과 스킵으로 연결되어
답답하지 않다.

봉당 거실

상부
보이드

수납

식당·부엌

상부 보이드

1F 1:150

취미실 & 수납공간
용적률 완화 제도를 이용해
반지하를 만들었다. 지하에
취미실과 여러 물건을 보관하는
수납공간을 배치.

수납

지하실

BF 1:150

부지 면적 90.99m²
연면적 110.00m²

땅의 조건

가변성

채광

타인과의 관계

차경

동선

손님

프라이버시

수납

특수한 방

다세대

임대

031
협소지를 극복한 입체적인 구성과 시야 확보

주위의 건물이 가까이 붙어 있는 상황에서 밝은 거실과 가족이 모일 수 있는 장소를 만드는 것이 과제였다.
아일랜드 부엌으로 가족이 자연스럽게 모이는 장소를 만들고 그 옆에는 바닥을 한 단 높여 거실을 만들었다. 거실의 큰 창 덕분에 부엌에 서면 시야가 트인다. 로프트로 가는 스노코(대자리) 복도를 통해서는 하이사이드 라이트의 밝은 빛이 내려온다.

제반 조건
가족 구성: 부부 + 아이 2명
부지 조건: 부지 면적 80.95m²
　　　　　 건폐율 40%　용적률 80%
　　　　　 한적한 주택가의 협소지. 동쪽(도로 쪽)을
　　　　　 제외하면 옆집이 가까이 붙어 있다

건축주의 요구 사항
• 밝은 거실
• 가족이 자연스럽게 모이는 장소
• 아이가 설레하는 집

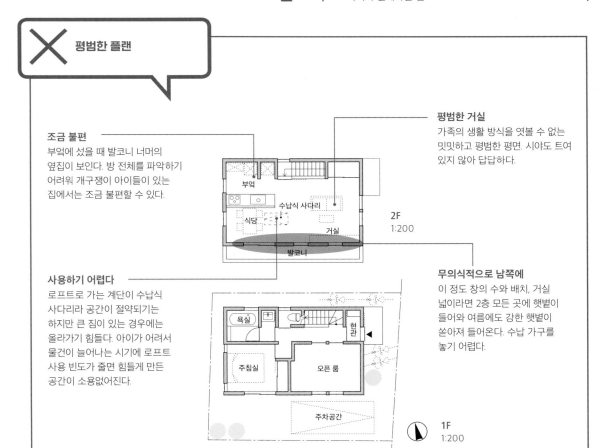

✕ 평범한 플랜

조금 불편
부엌에 섰을 때 발코니 너머의 옆집이 보인다. 방 전체를 파악하기 어려워 개구쟁이 아이들이 있는 집에서는 조금 불편할 수 있다.

평범한 거실
가족의 생활 방식을 엿볼 수 없는 밋밋하고 평범한 평면. 시야도 트여 있지 않아 답답하다.

부엌
식당
수납식 사다리
거실
발코니

2F
1:200

사용하기 어렵다
로프트로 가는 계단이 수납식 사다리라 공간이 절약되기는 하지만 큰 짐이 있는 경우에는 올라가기 힘들다. 아이가 어려서 물건이 늘어나는 시기에 로프트 사용 빈도가 줄면 힘들게 만든 공간이 소용없어진다.

무의식적으로 남쪽에
이 정도 창의 수와 배치, 거실 넓이라면 2층 모든 곳에 햇볕이 들어와 여름에도 강한 햇볕이 쏟아져 들어온다. 수납 가구를 놓기 어렵다.

욕실
현관
주침실
오픈 룸
주차공간

1F
1:200

거실 바닥을 한 단 높여 풍요롭게

좌 정면 외관.
우 2층 LDK. 부엌에 서면 정면 창으로 시야가 트인다. 부엌 위는 로프트.

로프트도 실내처럼
로프트는 고정 계단으로 올라가므로 방이 하나 늘어난 느낌. 책장을 설치해 아이방 대신 사용할 수도 있다. 로프트로 가는 복도(캣 워크)를 스노코 형태로 만들어 창으로 들어온 햇볕이 아래층까지 떨어진다.

단면의 활용
바닥을 한 단 높인 거실, 보이드, 로프트 등 다양한 높이를 만들어 세로로 긴 공간(높이)을 강조함으로써 작지만 공간감을 느낄 수 있도록 연출했다.

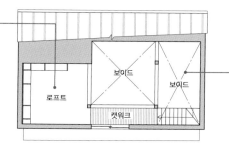

LF
1:150

건물의 모양을 살려
세로로 긴 평면의 모양을 살려 1층의 올라가는 입구와 2층의 내려가는 입구에 회유 계단을 만들었다. 심플한 모양으로 만들어 공간을 절약했다.

시야가 트이다
유일하게 개방감을 느낄 수 있는 도로 쪽으로 큼직한 창을 설치해 시야가 트이고 공간이 넓게 느껴진다. 나지막한 위치에 설치했기 때문에 걸터앉을 수 있는 창이 되어 앉을 자리가 하나 더 늘었다.

가족이 함께
아일랜드 부엌으로 만들어 가족 모두가 모이기 쉬운 장소로. 방이 건너다보여 아이들의 모습을 확인할 수 있으니 안심.

2F
1:150

바닥을 한 단 높인 거실
단차를 두어 거실 역할을 하는 다다미 공간. 다다미에 앉을 수 있으니 소파가 필요없고 식당도 넓게 확보. 다다미 아래는 수납공간으로 활용하며 한 계단 높은 바닥은 로프트로 올라가는 계단의 첫 번째 층계 역할도 한다.

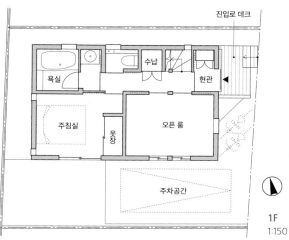

1F
1:150

부지 면적 80.95m²
연면적 64.68m²

땅의 조건

가변성

채광

타인과의 관계

차경

동선

손님

프라이버시

수납

특수한 방

다세대

임대

032

특수한
부지 조건을
극복한
정리법

고저 차가 있는 깃대 모양의 부지로, 북쪽 지반이 3m 이상 높아 사용할 수 있는 부지가 한정적이었다.

1층에서 모든 생활을 하는 평면을 원했기 때문에 1층을 콤팩트하게 정리했다. 2층에는 다락방 느낌으로 아이방 및 남편의 작업공간, 수납공간을 두었다. 1층은 침실과 욕실 공간이 상당한 면적을 차지하지만 WIC 앞의 뒷동선과 침실 앞의 다다미방으로 효율적이고 개방적인 평면이 되었다.

제반 조건
가족 구성: 부부 + 아이 2명
부지 조건: 부지 면적 195.40m^2
건폐율 40% 용적률 60%
한적한 주택가에 위치한 고저 차가 있는 깃대 모양의 부지

건축주의 요구 사항
- 1층에서 모든 생활이 가능하도록
- 효율적인 가사동선
- 나무를 많이 사용하고 싶다

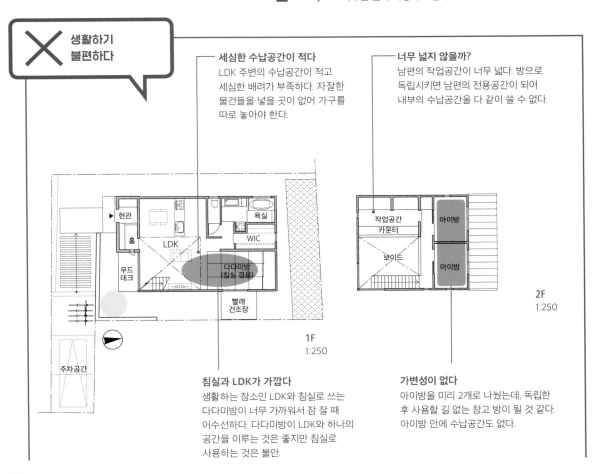

✕ 생활하기 불편하다

세심한 수납공간이 적다
LDK 주변의 수납공간이 적고 세심한 배려가 부족하다. 자잘한 물건들을 넣을 곳이 없어 가구를 따로 놓아야 한다.

너무 넓지 않을까?
남편의 작업공간이 너무 넓다. 방으로 독립시키면 남편의 전용공간이 되어 내부의 수납공간을 다 같이 쓸 수 없다.

침실과 LDK가 가깝다
생활하는 장소인 LDK와 침실로 쓰는 다다미방이 너무 가까워서 잠 잘 때 어수선하다. 다다미방이 LDK와 하나의 공간을 이루는 것은 좋지만 침실로 사용하는 것은 불안.

가변성이 없다
아이방을 미리 2개로 나눴는데, 독립한 후 사용할 길 없는 창고 방이 될 것 같다. 아이방 안에 수납공간도 없다.

1F
1:250

2F
1:250

다다미방을 중간에 끼워
LDK와 완만하게 구분하다

좌 2층 작업 공간과 커튼으로
분리한 수납공간
우 1층 LDK.

땅의 조건

가변성

채광

타인과의 관계

차경

동선

손님

프라이버시

수납

특수한 방

다세대

임대

커튼으로 분리
벽을 세워 각 방을 만들지 않고
커튼으로 느슨하게 칸막이를 해
모두가 쓸 수 있는 수납공간으로.
커튼의 느슨한 칸막이로 인해 작업
공간에 압박감이 느껴지지 않는다.

전망도 넓이도
작업공간은 보이드 너머로 멀리까지
내다보이는 기분 좋은 장소. 1층의
인기척도 느끼면서 작업할 수 있다.

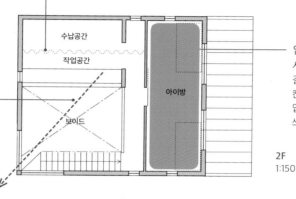

수납공간

작업공간

보이드

아이방

2F
1:150

입구가 하나
사이좋은 자매의 방은 세로로
길게 만들었다. 나중에
칸막이를 할 수도 있지만
입구는 하나로 만들어 함께
쓰게 할 생각이다.

포치 현관 부엌 세면실 욕실
홀 식당 CL WIC
PC
우드 데크 거실 다다미방 침실
빨래 건조장

주차공간

1F
1:150

일직선의 가사동선
부엌에서 욕실까지 일직선으로 배치.
부엌일을 하는 틈틈이 세탁도 편하게
할 수 있다. 빨래를 널 때도 WIC
앞의 통로를 이용해 질러간다. 빨래
건조장까지 최단거리.

완충 공간으로도
다다미방은 LDK의 일부로 편안한
휴식처인 동시에 침실과 LDK 사이의
완충 공간. 욕실에서 빨래 건조장으로
가는 세탁 동선이자 빨래를 개는
가사공간이기도 하다.

대용량 수납공간
바닥을 한 단 높인 침실에는
서랍형 수납공간(그림 왼쪽)과
뚜껑을 들어 올리는 타입의
바닥 밑 수납공간(그림
오른쪽)을 만들었다. 이불을
보관하는 한편, LDK의 부족한
수납공간을 보충해준다. 선풍기
등 계절용품이나 기념품 등
일상적으로 잘 사용하지 않는
것들도 수납한다.

부지 면적 195.40m²
연면적 97.92m²

깃대 모양
부지이지만
밝고 개방적으로

가장 안쪽의 폐쇄적이기 쉬운 깃대 모양의 부지. 폐쇄적인 점을 거꾸로 활용해 프라이버시를 지키면서 개방감 있는 집을 만들기로 했다.

발코니를 높은 난간으로 둘러싼 중정 느낌으로 마감하여 안팎이 연결되는 공간으로. 빨래를 말리고 아이들의 놀이터가 되기도 하는 다목적 공간이다. 거실 곳곳에 편안한 부분을 두었고, 마감은 입주한 후 건축주에게 맡겼다. 건축주 취향에 따라 세상에 하나뿐인 집이 되었다.

제반 조건
가족 구성: 부부 + 아이 2명
부지 조건: 부지 면적 122.18m²
　　　　　건폐율 50% 용적률 80%
　　　　　한적한 주택가의 깃대 모양 부지. 장대 부분만 약 23m²

건축주의 요구 사항
· 볕이 잘 들고 가족들이 모일 수 있는 거실
· 붙박이 가구를 포함해 수납공간이 많을 것
· 프라이버시를 지킬 수 있도록

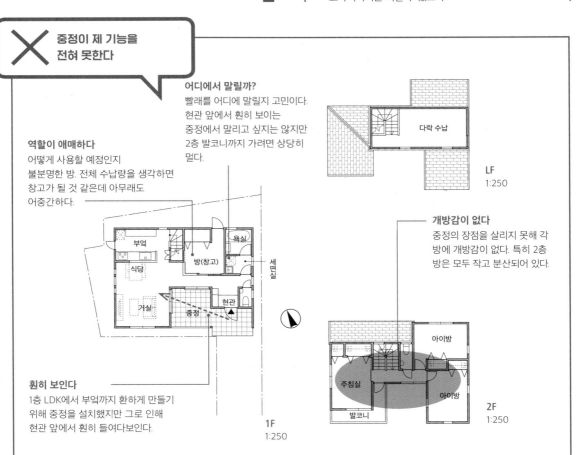

✕ 중정이 제 기능을 전혀 못한다

어디에서 말릴까?
빨래를 어디에 말릴지 고민이다. 현관 앞에서 훤히 보이는 중정에서 말리고 싶지는 않지만 2층 발코니까지 가려면 상당히 멀다.

역할이 애매하다
어떻게 사용할 예정인지 불분명한 방. 전체 수납량을 생각하면 창고가 될 것 같은데 아무래도 어중간하다.

개방감이 없다
중정의 장점을 살리지 못해 각 방에 개방감이 없다. 특히 2층 방은 모두 작고 분산되어 있다.

훤히 보인다
1층 LDK에서 부엌까지 환하게 만들기 위해 중정을 설치했지만 그로 인해 현관 앞에서 훤히 들여다보인다.

다락 수납

LF
1:250

부엌　식당　방(창고)　욕실　세면실　거실　중정　현관

1F
1:250

아이방　주침실　아이방　발코니

2F
1:250

발코니와 다락을 통해
빛을 실내로

좌 2층 LDK. 다락의 창을 통해
빛이 거실로 떨어진다.
우 2층 발코니. 코너가 개구부로
되어 있어 실제 면적보다 넓게
느껴진다.

다락을 통해서도 빛
다락의 창을 통해 들어온 빛이
보이드를 통해 2층 LDK까지
내리쬔다.

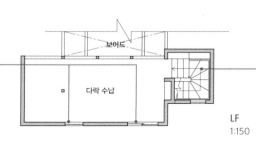

보어드

다락 수납

LF
1:150

부담 없이 오르다
넓은 면적의 다락 쪽으로 가는
고정 계단. 사다리와 달리
양손에 짐을 들고 부담 없이
올라갈 수 있다.

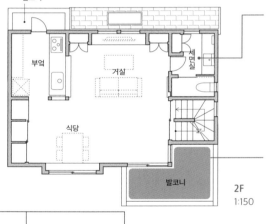

발코니

부엌

거실

식당

세면실

발코니

2F
1:150

바로 옆에서도 쾌적
세면실과 화장실을 세트로
만들어 2층에도 배치. LDK
바로 옆이지만 세면실을 지나
화장실로 가도록 만들어
위화감을 줄여준다. 세면실은
포근한 분위기로 마감해
거실처럼 차분한 장소가 되었다.

일체형 발코니
벽을 세워 프라이버시를 확보한
발코니는 아이들의 놀이터와
빨래 건조장 등 다목적으로
활용. 코너 창과 접해 있으므로
LDK 어디에 있어도 시선이
닿으며 인기척을 느낄 수 있다.

충실한 수납
각 방마다 한 눈에 봐도 알 수 있는
커다란 수납공간을 마련해 쉽게
정리할 수 있도록 했다.

아이방1

아이방2

욕실

주침실

WIC

WIC

홀

현관

SIC

부지 면적 122.18㎡
연면적 97.71㎡

1F
1:150

땅의 조건

가변성

채광

타인과의 관계

차경

동선

손님

프라이버시

수납

특수한 방

다세대

임대

034
극세 부지의
결점을
극복하기

가늘고 긴 부지, 이렇게 정면 폭이 좁고 안길이가 깊은 부지에서는 내력벽이 공간과 빛을 차단하는 경우가 많다. 내력벽을 위에서 아래까지 '벽'으로 만들지 않고 어긋매낌·경사부재만으로 구성해 방과 공간의 분절마다 배치. 1층에서는 공간을 느슨하게 구획 짓는 칸막이로, 2층에서는 북쪽을 통해 빛을 끌어들이는 경사 지붕으로 기능해 밝고 자유로운 평면이 가능하다.

제반 조건
가족 구성: 부부 + 아이 2명
부지 조건: 부지 면적 139.29m²
　　　　　　건폐율 60% 용적률 168%
　　　　　　정면 폭 약 5m. 안길이가 약 28m인 좁고 긴
　　　　　　부지로, 제일 안쪽만 약간 넓은 편이다. 3층짜리
　　　　　　건물을 포함해 집들이 들어차 있는 밀집지

건축주의 요구 사항
• 밝은 주거 환경
• 통풍이 잘 되는 집
• 프라이버시 확보

✕ 길쭉한 부지에 무리하게 채워 넣기만

사용하지 못하는 정원
옆집에서 훤히 들여다보여 자주 나가지 않게 될 것이다.

어둡고 비좁다
내력벽으로 구획을 작게 나누어 비좁고 어두운 방이 늘어서 있는 1층. 연결성도 없어 공간이 제각각이다.

정원

주침실

WIC

욕실

WIC

현관

주차공간

1F
1:300

발코니

거실

식당

부엌

방

열지 못하는 창
옆집이 근접해 있어 '열지 못하는 창'이 되기 쉽다.

통풍이 되지 않는다
2층도 단순히 방을 나열하기만 했을 뿐 연결성이 없고 통풍도 잘 되지 않는다.

2F
1:300

좌우상하로
연결

2층 거실에서 본 LDK. 경사 부재를 내력벽으로 처리해 공간을 완만하게 나눈다.

완만하게 구분하다

내력벽을 어긋매낌(선재[線材: 굵기가 5mm 정도이고 단면이 원형인 강재(鋼材)])으로 만들고, 1층에서는 그것을 모방한 삼각형의 벽으로 프라이빗 존을 완만하게 구분했다.

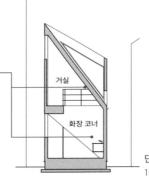

거실

화장 코너

단면
1:200

기능별로 나누다

창은 채광과 통풍 등 기능별로 나누어 설치했다. 북쪽의 큰 개구부를 통해서는 안정된 간접광을 내부로 끌어들일 수 있다.

1F
주침실

화장 코너

WIC

욕실

현관

포치

주차공간

진입로

1F
1:200

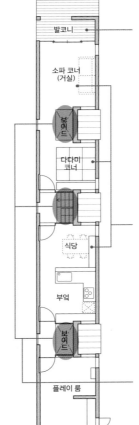

발코니

소파 코너
(거실)

보이드

다다미 코너

식당

부엌

보이드

플레이 룸

2F
1:200

거리감을 만들다

벽과 처마로 둘러싸여 옆집과의 거리를 확보한 반옥외 발코니. 소파 코너에서 보면 개방감이 느껴진다.

개방적인 장소

벽을 세우지 않고 지붕이 어긋매낌을 겸하여 완만하게 연결된 개방적인 2층 퍼블릭 존.

보이드로 연결

계단실과 2군데의 보이드를 통해 아래층에서는 바람을, 위층에서는 빛을 끌어들인다.

부지 면적 139.29m²
연면적 129.14m²

땅의 조건
가변성
채광
타인과의 관계
차경
동선
손님
프라이버시
수납
특수한 방
다세대
임대

035

전체를
2층으로
들어올리다

강변이면서 동시에 큰길과 제방 사이에 낀 토지의 돌출부에 위치하는 극히 드문 상황. 그래서 끝부분이라는 특이성, 강변과 큰길을 잇는 토지의 특성을 역이용하고 싶었다.

다습할 것을 예상해 건물을 고상식(高床式)으로 만들어 전망과 개방성을 획득했다. 이 부지에서만 가능한 풍요로운 삶이 이루어지길 기대한다.

제반 조건
가족 구성: 부부 + 아이 3명
부지 조건: 부지 면적 195.53m²
　　　　　건폐율 70% 용적률 200%
　　　　　큰길과 제방 사이에 낀 강변의 좁고 긴 부지

건축주의 요구 사항
· 한랭지이기에 따뜻한 집이기를 간절히 바란다
· 지붕이 있는 주차장
· 창을 통해 전망을 즐기고 싶다

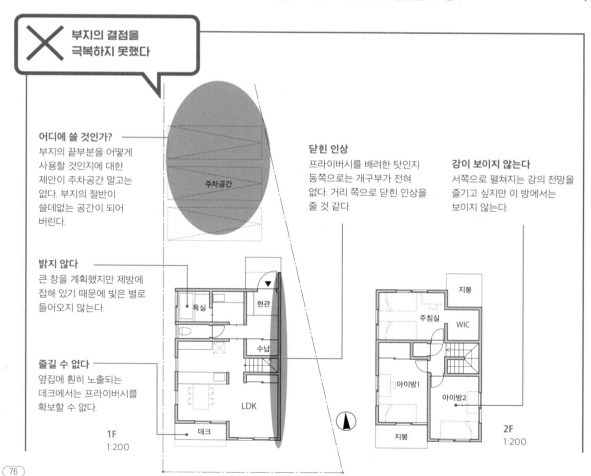

✕ 부지의 결점을 극복하지 못했다

어디에 쓸 것인가?
부지의 끝부분을 어떻게 사용할 것인지에 대한 제안이 주차공간 말고는 없다. 부지의 절반이 쓸데없는 공간이 되어 버린다.

밝지 않다
큰 창을 계획했지만 제방에 접해 있기 때문에 빛은 별로 들어오지 않는다.

즐길 수 없다
옆집에 훤히 노출되는 데크에서는 프라이버시를 확보할 수 없다.

닫힌 인상
프라이버시를 배려한 탓인지 동쪽으로는 개구부가 전혀 없다. 거리 쪽으로 닫힌 인상을 줄 것 같다.

강이 보이지 않는다
서쪽으로 펼쳐지는 강의 전망을 즐기고 싶지만 이 방에서는 보이지 않는다.

주차공간

욕실
현관
수납
LDK
데크
1F
1:200

지붕
주침실
WIC
아이방1
아이방2
지붕
2F
1:200

전망과 일체감을 만들어내다

2층 부엌에서 본 모습. 지붕 모양의 천장면이 안쪽까지 계속되어 실내의 일체감과 공간감을 만들어낸다. 강을 향해 창이 가로로 이어져 경치를 즐길 수 있다.

집을 들어 올리다
제방에 막혀 강이 보이지 않는 1층 부분에는 방을 만들지 않고 모든 방을 2층으로 올렸다. 1층 현관은 비에 젖지 않고 출입할 수 있으며 필로티는 비 오는 날에도 아이가 놀 수 있는 처마 밑 공간이 된다.

일체감을 만들다
원룸 같은 공간 때문에 가족 모두가 일체감을 느낄 수 있다.

개방적인 LDK
시야가 트이는 개방적인 LDK. 계단과 통로도 한 공간으로 취급해 개방감을 높였다.

어디서든 보인다
수평 연속창을 통해 모든 방에서 아름다운 경치를 볼 수 있다.

비가 와도 안심
지붕 달린 프라이빗 발코니. 갑자기 비가 와도 빨래를 걱정할 필요가 없다.

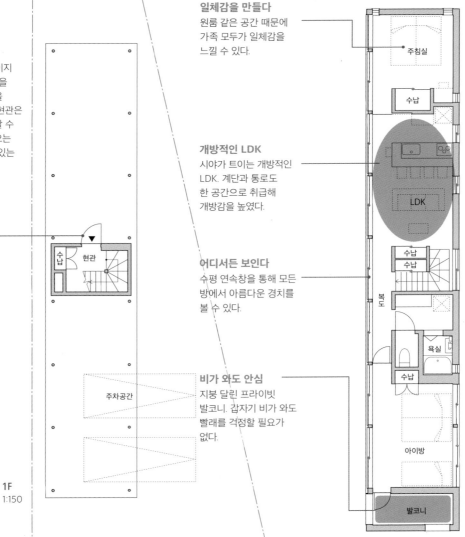

1F
1:150

부지 면적 195.53m²
연면적 86.05m²

2F
1:150

땅의 조건
가변성
채광
타인과의 관계
차경
동선
손님
프라이버시
수납
특수한 방
다세대
임대

036

협소함을
극복한
스킵 구성

협소지에서 어떻게 하면 건물을 넓어 보이게 할 것인지가 핵심. 건축사인 남편이 스킵 플로어로 공간감 있는 공간을 만들어냈다.

첫 번째 층인 현관 부분에서 여섯 번째 층인 로프트까지 창호 등의 칸막이가 없기 때문에 보이드 우레탄 단열을 채택한 건물은 마치 하나의 보온병 같다. 아이 셋이 사용하는 꼭대기 층의 방에는 큰 공간에 책상공간, 수납공간, 로프트공간을 만들었다.

제반 조건
가족 구성: 부부 + 아이 3명
부지 조건: 부지 면적 75.52m²
　　　　　건폐율 60% 용적률 180%
　　　　　정면 폭 약 6.5m, 북쪽 도로의 협소지. 북쪽
　　　　　이외의 세 방향은 옆집이 가까이 붙어 있다

건축주의 요구 사항
• 주차장에서 비를 맞지 않고 현관까지
• 좁은 부지이지만 넓게 느껴지도록
• 아이들의 공간은 가능한 넓게

 각층이 단절되다

비좁다
차고와 현관을 병렬시킨 플랜인데, 현관도 차고도 모두 좁다. 비오는 날에는 오갈 때 우산이 필요하다.

쓸데없이 넓다
부엌을 도는 회유동선은 좋지만 면적의 균형상 부엌 쪽이 쓸데없이 넓다. 좀 더 균형을 맞추면 좋겠다.

바람이 흐르지 않는다
방의 칸막이 때문에 바람이 잘 통하지 않을 것 같다. 통풍을 위한 배려가 부족하다.

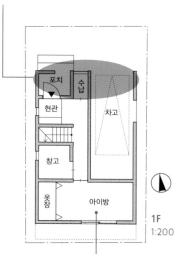

1F
1:200

2F
1:200

3F
1:200

고립될 것 같다
아래위 층이 서로 연결되지 않아 아이의 공간이 고립된다.

스킵 플로어로
각 층을
완만하게 잇다

좌 부엌. 오른쪽에 식탁이 놓인다.
우 거실에서 본 부엌 방향. 스킵
플로어라서 넓어 보인다.

땅의 조건
가변성
채광
타인과의 관계
차경
동선
손님
프라이버시
수납
특수한 방
다세대
임대

넓은 주차장
협소지임에도 불구하고 넓은 주차
공간을 확보. 차 2대를 세워도 현관까지
여유롭게 진입할 수 있다.

아일랜드 키친
싱크대를 아일랜드형으로 만들어 식탁과
일체화. 회유할 수 있는 동선이 생겨
가사의 효율이 좋아진다. 카운터는 인공
대리석이기 때문에 베이킹 등의 요리를
할 수 있다.

세로로 활용
한 층씩 계단으로 이을 뿐만 아니라
남북의 바닥 높이를 어긋나게 만들어
3층 건물에서 6층 스킵 플로어를 구성.
각 층이 조금씩 연결되어 넓게 느껴진다.

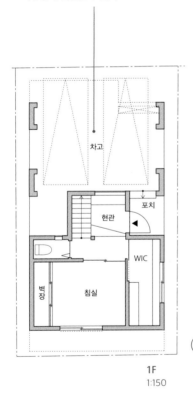

1F
1:150

2F
1:150

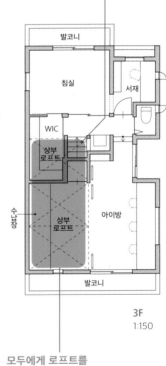

3F
1:150

시야가 트이다
나뉜 공간이지만 스켈레톤 계단이기
때문에 시야가 트이고 넓게 느껴진다.
가족들과도 서로 연결된다.

모두에게 로프트를
3층의 아이방은 경사 천장을 이용해
3명에게 각각의 로프트 공간을
만들어주었다. 함께 공부하고 때때로
혼자 시간을 보낼 수 있는 공간을
확보했다.

부지 면적 75.52m²
연면적 112.48m²

037

시선으로부터
자유로운
떠 있는
테라스

경사가 있는 한적한 주택지. 건축주의 요청에 따라 다양한 장소에 예술작품을 배치할 수 있도록 고민했다. 중정에 배치한 데크 테라스는 주위의 시선을 차단하도록 벽을 둘러 계절이 좋을 때는 식사나 티타임을 즐길 수 있다.

외부의 시선을 적당히 차단하면서도 공간감과 외부와의 완만한 연결을 느끼며 생활할 수 있다.

제반 조건
가족 구성: 부부 + 아이 2명
부지 조건: 부지 면적 233.89m²
　　　　　　건폐율 50%　용적률 100%
　　　　　　한적한 주택가의 고저 차가 있는 부지.
　　　　　　남동쪽으로 공원이 있어 시야가 트여 있다

건축주의 요구 사항
· 침실 1, 아이방 2, 응접실(다다미방) 1
· 부엌은 오픈 부엌으로
· 예술작품을 둘 수 있는 공간 마련

✕ **답답하고 전형적인 배치**

방을 나열만 했을 뿐
각 공간이 방으로 완전히 독립되어 있어 전체적으로 공간이 연결되지 않으며 갑갑하게 느껴진다.

비효율적
뚫려 있기만 할뿐 별다른 역할이 없는 보이드.

수납
침실3
침실1　침실2　보이드
지붕
2F
1:250
발코니

아이디어가 없다
아무 고민 없이 주차공간을 크게 잡아 거주 공간이 밀려났고 전체적으로 답답하다.

주차공간
포치
진입로　현관
보도

답답한 현관
비좁게 느껴지는 현관.
화장실로 가는 동선도
쓸데없이 길다.

수납
수납　욕실
다다미방

안팎의 관계성 문제
건물과 경계선 사이에 나무를 심기는 했지만 풍요로운 정원을 만들지 못했고 안팎의 관계성도 희박하다. 창도 그냥 달려만 있을 뿐.

'기분 좋은 긴장감'이 없다
편안함이 느껴지지 않는 맥빠진 LDK.

거실　식당
부엌

1F
1:250
전면도로
기존 간지석 옹벽

중정을 둘러싼 L자 평면

좌 남서쪽 외관.
우 1층 거실에서 본 중정 쪽. 정면에 보이는 콘크리트 박스가 데크 테라스.

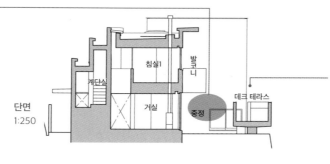

땅의 조건

가변성

채광

타인과의 관계

차경

동선

손님

프라이버시

수납

특수한 방

다세대

임대

예술적인 중정
예술 작품을 놓은 잔디 깔린 중정. 바람에 움직이는 예술 작품을 놓아 자연의 기운과 건축의 표정 변화 등을 즐길 수 있다. 1층 거실은 물론이고 2층 침실에서도 볼 수 있다.

단면
1:250

띄워서 연결하다
데크 테라스를 조금 띄워 공간의 깊이를 느끼게 한다. 외부의 시선을 적절히 차단하면서 기분 좋은 공간을 만들어냈다.

완만하게 연결되다
침실 1과 2는 보이드를 통해 거실과 연결되어 있어 가족의 인기척을 느낄 수 있다. 가동식의 미닫이를 닫으면 방에 틀어박혀 지낼 수도 있다.

시야가 트이다
침실 2에서는 보이드와 브리지 쪽으로 시야가 트여 공간이 넓게 느껴진다.

예술작품을 전시
수평 방향으로 긴 붙박이 장식 선반에는 예술작품을 전시할 수 있다.

2F
1:250

공원이 보이는 전망
공원의 녹음을 즐기기 위한 창. 주변 환경을 보며 개구부의 위치를 생각했다.

휴식공간
보이드 상부의 톱 라이트를 통해 빛이 떨어지는 거실. 장작 난로 너머로 중정의 나무들을 보며 쉴 수 있다.

기능적인 가사동선
쓰레기 배출과 빨래 건조 등의 가사동선이 기능적. 동시에 경계선과의 사이에 나무를 심어 욕실과 식당의 창을 통해 녹음을 즐길 수 있다.

독립된 외부
고요한 여유를 위해 일부러 건물에서 떨어뜨리고, 시선을 차단하는 높이의 벽으로 둘러싼 데크 테라스.

1F
1:250

정원을 즐기다
다다미방에서는 거실과 다른 각도로 정원의 녹음을 볼 수 있으며 곧장 바깥으로 나갈 수도 있다.

부지 면적 233.89m²
연면적 162.59m²

038

실내를 밝혀주는 반사광

크고 작은 건물들이 빈틈없이 밀집된 오래된 주택지로, 햇볕을 얻을 수 있는 시간이 제한적인 환경이다. 부지 안쪽에 마치 옛날부터 있었던 성벽 같은 큰 벽을 만들고 그 벽 사이로 슬릿 형태의 틈이 만들어지도록 건물을 배치했다.

틈 안에서 반복적으로 반사되는 빛이 건물 각 층에 부드러운 간접광을 더한다. 일반적인 시간 축의 햇빛과 함께 다른 시간 축의 빛이 하나 더 있는 듯한 건축.

제반 조건
가족 구성: 부부 + 아이 1명
부지 조건: 부지 면적 51.63m²
　　　　　건폐율 60% 용적률 160%
　　　　　뾰족한 모퉁이가 있는 협소 변형 부지. 크고 작은 건물들이 밀집해 있고 남서쪽 바로 가까이에 아파트 발코니가 있다

건축주의 요구 사항
• 열악한 환경이지만 빛과 바람을 느끼고 싶다
• 부부 모두 야간 근무가 있어 아침 햇빛은 중요하지 않다
• 화장실과 세면실을 별도 공간으로

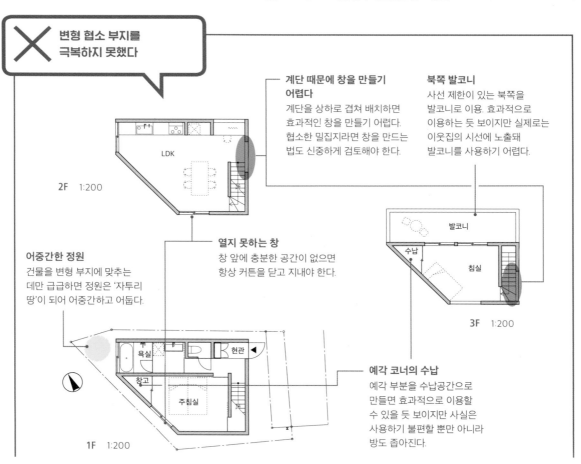

❌ 변형 협소 부지를 극복하지 못했다

계단 때문에 창을 만들기 어렵다
계단을 상하로 겹쳐 배치하면 효과적인 창을 만들기 어렵다. 협소한 밀집지라면 창을 만드는 법도 신중하게 검토해야 한다.

북쪽 발코니
사선 제한이 있는 북쪽을 발코니로 이용. 효과적으로 이용하는 듯 보이지만 실제로는 이웃집의 시선에 노출돼 발코니를 사용하기 어렵다.

LDK

2F　1:200

발코니
수납
침실

3F　1:200

어중간한 정원
건물을 변형 부지에 맞추는 데만 급급하면 정원은 '자투리 땅'이 되어 어중간하고 어둡다.

열지 못하는 창
창 앞에 충분한 공간이 없으면 항상 커튼을 닫고 지내야 한다.

욕실
창고
현관
주침실

예각 코너의 수납
예각 부분을 수납공간으로 만들면 효과적으로 이용할 수 있을 듯 보이지만 사실은 사용하기 불편할 뿐만 아니라 방도 좁아진다.

1F　1:200

부지를 최대한 사용해 빛과 공간을 얻다

좌 1층 욕실. 예각 코너가 욕실의 답답함을 줄여주는 데 기여한다.
우 2층 LDK. 활처럼 휜 창의 맞은편에 흰색 큰 벽. 벽에 반사된 빛이 실내를 밝게 만든다.

땅의 조건

가변성

채광

타인과의 관계

차경

동선

손님

프라이버시

수납

특수한 방

다세대

임대

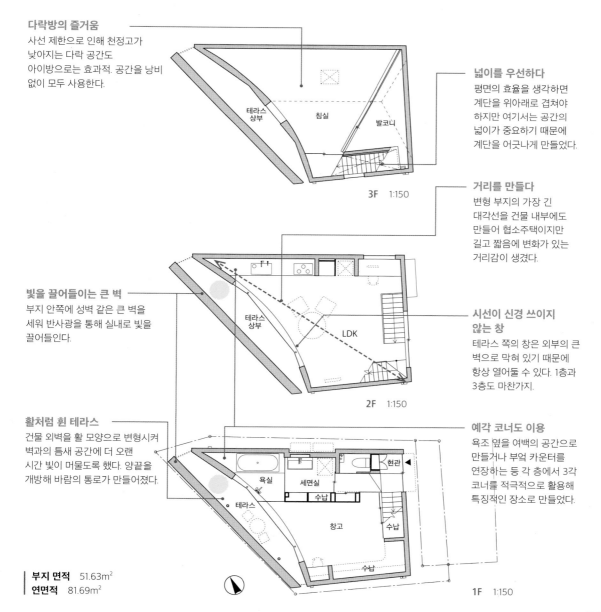

다락방의 즐거움
사선 제한으로 인해 천정고가 낮아지는 다락 공간도 아이방으로는 효과적. 공간을 낭비 없이 모두 사용한다.

테라스 상부 / 침실 / 발코니

3F 1:150

넓이를 우선하다
평면의 효율을 생각하면 계단을 위아래로 겹쳐야 하지만 여기서는 공간의 넓이가 중요하기 때문에 계단을 어긋나게 만들었다.

거리를 만들다
변형 부지의 가장 긴 대각선을 건물 내부에도 만들어 협소주택이지만 길고 짧음에 변화가 있는 거리감이 생겼다.

빛을 끌어들이는 큰 벽
부지 안쪽에 성벽 같은 큰 벽을 세워 반사광을 통해 실내로 빛을 끌어들인다.

테라스 상부 / LDK

2F 1:150

시선이 신경 쓰이지 않는 창
테라스 쪽의 창은 외부의 큰 벽으로 막혀 있기 때문에 항상 열어둘 수 있다. 1층과 3층도 마찬가지.

활처럼 휜 테라스
건물 외벽을 활 모양으로 변형시켜 벽과의 틈새 공간에 더 오랜 시간 빛이 머물도록 했다. 양끝을 개방해 바람의 통로가 만들어졌다.

욕실 / 세면실 / 수납 / 테라스 / 창고 / 현관 / 수납 / 수납

예각 코너도 이용
욕조 옆을 여백의 공간으로 만들거나 부엌 카운터를 연장하는 등 각 층에서 3각 코너를 적극적으로 활용해 특징적인 장소로 만들었다.

부지 면적 51.63m²
연면적 81.69m²

1F 1:150

039

T형 평면과 담으로 중정을

한적한 주택가에 위치하며 안쪽을 향해 약간 좁아지는 부지. 이곳에 가족이 생활할 집과 임대할 방 하나를 지어야 했다. 접근성을 고려해 임대할 방은 도로 쪽으로, 생활할 집은 부지 안쪽에 배치했다.

실내와 정원이 이어졌으면 좋겠다는 요청에 따라 부지 안쪽의 정원을 건물과 담으로 둘러싸고 LDK와 연결했다. 임대 부분과의 거리를 유지하면서 각 공간의 공간감을 신경 썼다.

제반 조건
가족 구성: 부부 + 아이 2명
부지 조건: 부지 면적 120.62m²
　　　　　건폐율 40% 용적률 80%
　　　　　밭과 공원이 곳곳에 있는 한적한 주택가. 부지는
　　　　　거의 1:2 비율로 안쪽으로 좁아지는 형상

건축주의 요구 사항
• 실내와 정원이 기분 좋게 연결되는 중정이 있는 집
• 독신자용 임대 1채를 병설
• 아이방과 임대 부분이 떨어져 있었으면
• 대면형 부엌

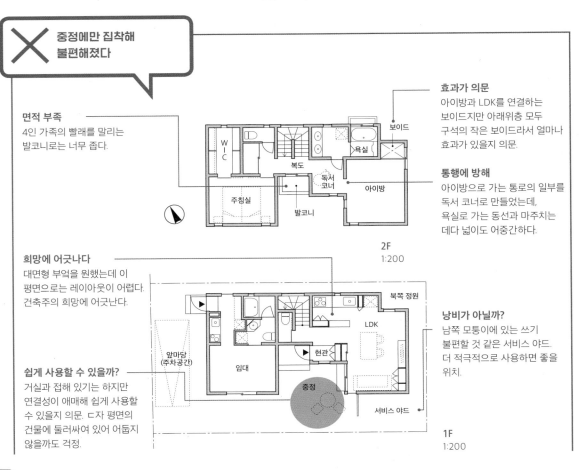

중정에만 집착해 불편해졌다

면적 부족
4인 가족의 빨래를 말리는 발코니로는 너무 좁다.

효과가 의문
아이방과 LDK를 연결하는 보이드지만 아래위층 모두 구석의 작은 보이드라서 얼마나 효과가 있을지 의문.

통행에 방해
아이방으로 가는 통로의 일부를 독서 코너로 만들었는데, 욕실로 가는 동선과 마주치는 데다 넓이도 어중간하다.

희망에 어긋나다
대면형 부엌을 원했는데 이 평면으로는 레이아웃이 어렵다. 건축주의 희망에 어긋난다.

쉽게 사용할 수 있을까?
거실과 접해 있기는 하지만 연결성이 애매해 쉽게 사용할 수 있을지 의문. ㄷ자 평면의 건물에 둘러싸여 있어 어둡지 않을까도 걱정.

낭비가 아닐까?
남쪽 모퉁이에 있는 쓰기 불편할 것 같은 서비스 야드. 더 적극적으로 사용하면 좋을 위치.

2F
1:200

1F
1:200

집 전체를 넓혀주는 중정의 위치

원하던 대면 부엌을 실현. 안쪽에 보이는 계단 옆이 현관.

거실과 중정의 연결. 목제 문과 큰 유리로 밀접한 관계를 만들었다.

땅의 조건

가변성

채광

타인과의 관계

차경

동선

손님

프라이버시

수납

특수한 방

다세대

임대

여유 있게
예비 화장실을 포함해 욕실을 여유 있게 만들고, 화장실을 2층에 설치함으로써 2층이 완벽한 사적 공간이 되었다.

입체적인 넓이
상부에 로프트를 설치한 입체적인 구성으로 넓은 공간감과 재미를 만들어냈다.

효과적으로 쓰다
현관 상부를 보이드로 만들어 계단실과 함께 넓게 개방한다. 계단실 창으로 들어오는 빛이 1층뿐 아니라 2층의 독서 코너까지 밝게 비춘다.

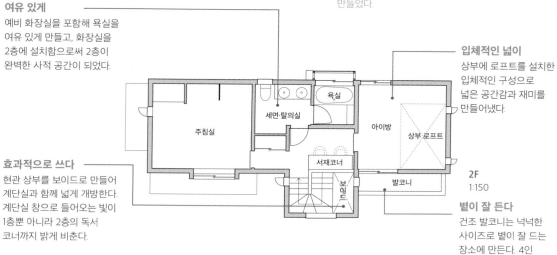

욕실
세면·탈의실
주침실
아이방
상부로프트
서재코너
보이드
발코니

2F
1:150

볕이 잘 든다
건조 발코니는 넉넉한 사이즈로 볕이 잘 드는 장소에 만든다. 4인 가족의 빨래를 말리는 데 충분한 넓이 확보.

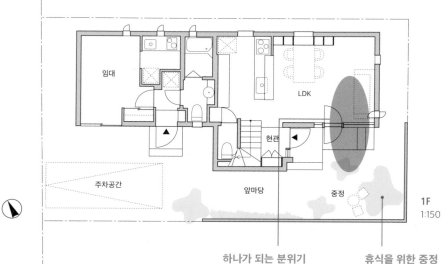

임대
LDK
현관
주차공간
앞마당
중정

1F
1:150

하나가 되는 분위기
폭이 넓은 목제 창을 사용해 중정과 LDK가 하나가 되는 분위기를 만들었다. 원룸의 LDK지만 거실이 중정과 연결되어 넓게 느껴진다.

휴식을 위한 중정
도로에서는 잘 보이지 않는 가장 안쪽에 중정을 배치했다. 현관과 화장실을 돌출시키고 코너에 판자 울타리를 둘러 편안함이 느껴진다.

부지 면적 120.62m²
연면적 96.27m²

주말이면 관광객이 붐비는 지역으로 주변 마을이 산을 배경으로 옛날 그대로 펼쳐져 있다.

마을의 역사를 느끼면서도 관광지의 소란과 거리를 두기 위해, 중정 형식의 주택으로 계획했다. 생활의 중심이 되는 2층 LDK가 중정을 향해 개방되어 밝고 편안한 공간이다.

040

어디서든 중정을 즐기는 ㅁ자 평면

제반 조건

가족 구성: 부부 + 아이 2명

부지 조건: 부지 면적 135.33m²

　　　　　건폐율 80% 용적률 200%

　　　　　서쪽 도로의 직사각형 부지. 동쪽과 남쪽의

　　　　　건물이 근접해 있어 햇볕은 기대할 수 없다

건축주의 요구 사항

• 동네 분위기를 느낄 수 있도록

• 골동품을 장식하는 다다미방

• 좋아하는 가구를 두고 싶다

✕ 낭비가 많다

독립할 수 없다
아이방에는 책상을 둘 공간이 없기 때문에 공부는 여기서 할 예정. 이렇게 만들면 어릴 때는 괜찮지만 자라면 독립된 공간이 필요할 것이다.

너무 멀다
외부 테라스가 재미있을 것 같기는 한데, 부엌과 너무 떨어져 있다. 차를 마시려면 상당한 거리를 운반해야 한다.

관리도 생각해야
분산된 중정은 여기저기서 녹색을 접할 수 있다는 장점이 있지만 각각의 정원이 작아서 실내에 충분한 채광이 될 것 같지 않고 관리도 힘들어진다.

쓸데없이 길다
길고 쓸데없는 복도. 바닥 면적도 너무 많이 차지한다.

쓸데없이 넓다
현관에 들어서면 일직선으로 남쪽 정원을 향해 시야가 트이는 것이 나쁘지 않지만, 입구의 홀이 필요 이상으로 크다.

부엌·식당　보이드　테라스　보이드

거실　테라스

보이드　책상　다다미방　보이드

2F
1:200

아이방　아이방　중정　주침실　중정

WIC　욕실

현관　홀　중정　주차공간

1F
1:200

중정을 가운데 두고
방들을 배치

테라스3에서 테라스1 방향을 본 모습. 왼편
안쪽의 실내가 DK다. 테라스1로 인해 각 방이
넓게 느껴지고 방끼리도 연결된다.

2층 다다미방. ㅁ자 평면으로
LDK와 분리시킴으로써 나무를
엮어 만든 천장 등 전통적인
취향을 즐길 수 있는 공간이
되었다.

위화감이 없다
중정을 중심으로 ㅁ자로 방을
배치해 다다미방도 위화감 없이
계획했다.

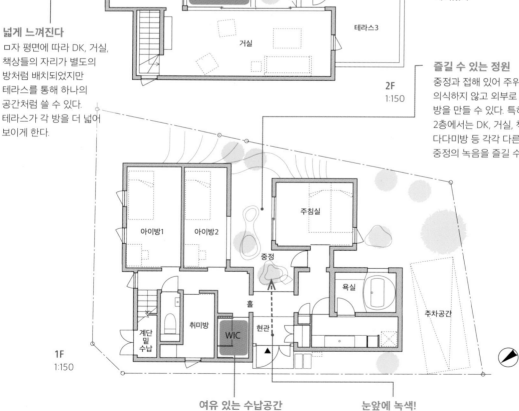

넓게 느껴진다
ㅁ자 평면에 따라 DK, 거실,
책상들의 자리가 별도의
방처럼 배치되었지만
테라스를 통해 하나의
공간처럼 쓸 수 있다.
테라스가 각 방을 더 넓어
보이게 한다.

즐길 수 있는 정원
중정과 접해 있어 주위의 시선을
의식하지 않고 외부로 개방적인
방을 만들 수 있다. 특히
2층에서는 DK, 거실, 책상공간,
다다미방 등 각각 다른 방향에서
중정의 녹음을 즐길 수 있다.

2F
1:150

1F
1:150

여유 있는 수납공간
현관 바로 옆에 신발 박스와는
별도로 다 함께 쓰는 WIC를 배치해
코트류를 걸어둔다. 현관 주변의
수납공간에 여유가 생겼다.

눈앞에 녹색!
현관문을 열면 홀 너머로 보이는
나무들이 아름답다.

부지 면적 135.33m²
연면적 116.30m²

땅의 조건
가변성
채광
타인과의 관계
차경
동선
손님
프라이버시
수납
특수한 방
다세대
임대

041

상자 속 상자지만 개방적인

동쪽에서 남서쪽까지 멋있는 전망이 이어지는 전원 지대.

크고 작은 2개의 상자를 각도를 틀어 포개어 넣는 심플한 아이디어로 평면을 구성하고 상자와 상자 사이의 빈 곳을 발코니와 아이방으로 만들었다. 집의 중심에 보이드를 만들어 가족 모두의 인기척이 전해지는 원룸 같은 집으로 만드는 한편, 주침실과 방음 스튜디오는 방음성능을 고려해 배치했다.

제반 조건

가족 구성: 부부 (+ 미래의 아이)

부지 조건: 부지 면적 427.00m²

건폐율 60% 용적률 200%

농촌 지대의 직사각형 부지. 도로보다 약 2m 높다

건축주의 요구 사항

- 방음되는 음악 스튜디오와 손님용 현관
- 부부 각자의 서고 + 서재
- 냉난방 효율이 좋은 보이드

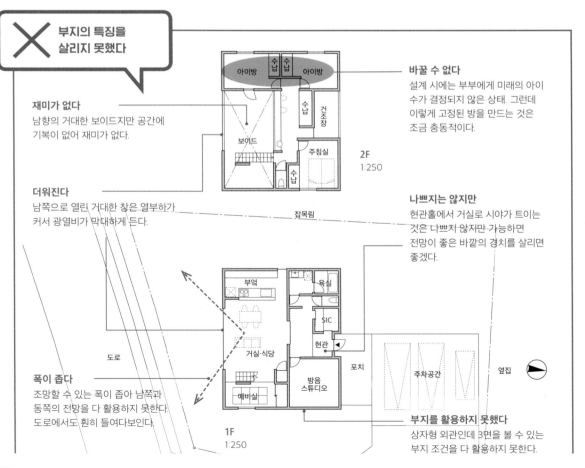

✕ 부지의 특징을 살리지 못했다

재미가 없다
남향의 거대한 보이드지만 공간에 기복이 없어 재미가 없다.

바꿀 수 없다
설계 시에는 부부에게 미래의 아이 수가 결정되지 않은 상태. 그런데 이렇게 고정된 방을 만드는 것은 조금 충동적이다.

더워진다
남쪽으로 열린 거대한 창은 열부하가 커서 광열비가 막대하게 든다.

나쁘지는 않지만
현관홀에서 거실로 시야가 트이는 것은 나쁘지 않지만 가능하면 전망이 좋은 바깥의 경치를 살리면 좋겠다.

폭이 좁다
조망할 수 있는 폭이 좁아 남쪽과 동쪽의 전망을 다 활용하지 못한다. 도로에서도 훤히 들여다보인다.

부지를 활용하지 못했다
상자형 외관인데 3면을 볼 수 있는 부지 조건을 다 활용하지 못한다.

2F 1:250

1F 1:250

상자를 조합해 시야를 넓히다

좌 저녁 무렵의 건물 외관. 심플한 상자 속에 각도가 다른 상자가 들어 있다.
우 1층 부엌 앞에서 본 모습. 벽으로 둘러싸여 있으면서도 시야가 앞, 옆, 위로 트여 있다.

집의 중심에
거실에서 올려다보면 4면에 방이 있는 2층 모습이 보이는 큰 보이드. '보이드=큰 창과 접해 있다'는 기존 개념으로부터 해방되면 창으로 인한 콜드 드래프트(겨울철 실내에 저온의 기류가 흘러들거나 유리 등의 냉벽면에서 냉각된 냉풍이 하강하는 현상)가 발생하지 않고 냉난방 효율도 높아진다.

자유롭게 움직이다
일단 '아이방'으로 되어 있지만 방의 용도에 따라 칸막이를 자유롭게 움직일 수 있다. 아이방으로 쓸 경우에는 자는 공간으로 한정하고 공부 등은 홀에 자리를 마련할 계획.

따뜻하고 밝게
외벽과 접해 있지 않으므로 창을 통한 열손실이 없다. 톱 라이트를 통해 밝은 빛을 끌어들이고 통풍시킨다.

가족 도서관
보이드 주변의 난간벽에 빙 둘러 책장을 만들었다.

서재2 / WIC / WIC / 욕실 / 옷장 / 서재1 / 주침실 / 상부 천창 / 보이드 / 아이방 / 아이 홀 / 건조장

2F
1:200

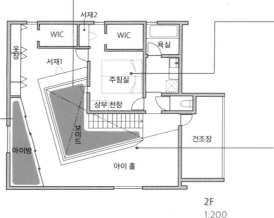

여기도 저기도
외벽의 벽으로 둘러싸인 느낌이 들면서도 부엌과 식당에서 폭 넓게 바깥을 조망할 수 있다.

충실한 가사 공간
부엌 옆에 큰 팬트리, 팬트리를 통해 나갈 수 있는 서비스 테라스 등 부엌 주변 공간이 충실하다.

처마 밑처럼
상자를 포개 넣어 처마 밑 공간 같은 테라스가 2개 생겼다. 정원과는 다른, 실내와 가까운 외부공간으로서 생활의 폭을 넓혀준다.

잡목림 / 도로 / 서비스 테라스 / 팬트리 / 방음 스튜디오 / 부엌 / 식당 / 예비실 / 테라스 / 거실 / 포치 / 주차공간 / 옆집 / 현관 / 테라스

1F
1:200

부지 면적 427.00m²
연면적 143.78m²

현관홀에서도
현관에 들어서면 정면 테라스 너머로 전망이 좋은 외부 경치를 볼 수 있다.

변화가 있는 디자인
상자 안에 각도를 튼 또 하나의 상자를 넣어 디자인에 변화를 주었다. 각도의 차이로 생긴 빈 자리가 공간에 여유를 가져왔다.

042

수납장을 건너 테라스로, 거리감을 만들다

정원 맞은편에 부모님 집이 있어서 그쪽과의 관계 형성 방법과 프라이버시 확보가 큰 과제였다. 해결책으로 테라스를 사이에 끼움으로써 시선을 막을 수 있도록 제안했다.

가족 구성원 간에도 독립성이 중요했기 때문에 다양한 칸막이를 제안해 너무 개방적이지도 않고 너무 막히지도 않은 적당하게 연결되는 공간을 목표로 했다.

제반 조건

가족 구성: 부부 + 아이 1명
부지 조건: 부지 면적 189.07m²
　　　　　건폐율 60% 용적률 160%
　　　　　깃대 모양의 부지. 북쪽의 전망이 좋다. 남쪽에
　　　　　있는 부모님 집의 식당이 북향이라 사생활이 신경
　　　　　쓰인다

건축주의 요구 사항

• 차분하게 책을 읽을 수 있는 장소가 있었으면
• 가족 간의 적당한 거리감
• 부모님 집과 적당한 거리감

✕ **부모님 집과의 관계에 대한 배려가 부족하다**

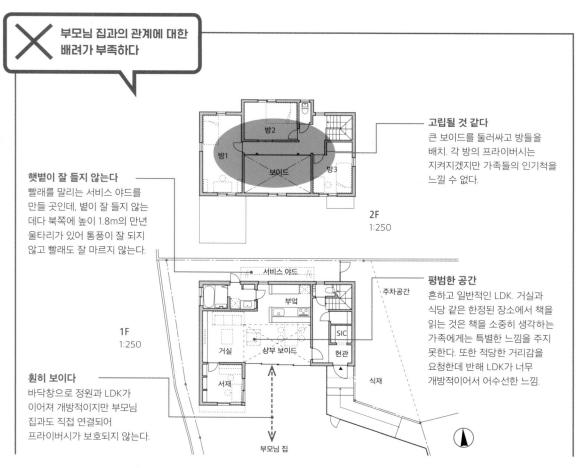

고립될 것 같다
큰 보이드를 둘러싸고 방들을 배치. 각 방의 프라이버시는 지켜지겠지만 가족들의 인기척을 느낄 수 없다.

햇볕이 잘 들지 않는다
빨래를 말리는 서비스 야드를 만들 곳인데, 볕이 잘 들지 않는 데다 북쪽에 높이 1.8m의 만년 울타리가 있어 통풍이 잘 되지 않고 빨래도 잘 마르지 않는다.

평범한 공간
흔하고 일반적인 LDK. 거실과 식당 같은 한정된 장소에서 책을 읽는 것은 책을 소중히 생각하는 가족에게는 특별한 느낌을 주지 못한다. 또한 적당한 거리감을 요청한데 반해 LDK가 너무 개방적이어서 어수선한 느낌.

훤히 보이다
바닥창으로 정원과 LDK가 이어져 개방적이지만 부모님 집과도 직접 연결되어 프라이버시가 보호되지 않는다.

2F
1:250

1F
1:250

서비스 야드
부엌
주차공간
SIC
거실
상부 보이드
현관
서재
식재

부모님 집

방1　방2　방3
보이드

◎ 책 읽는 장소를 곳곳에

상 1층 부엌과 식당 오른쪽 앞부분의 수납장을 지나 테라스로 나갈 수 있다.
하 남쪽 외관. 테라스와 접해 있는 창은 허리창으로, 부모님 집과는 테라스를 사이에 두고 마주 보는 형태다.

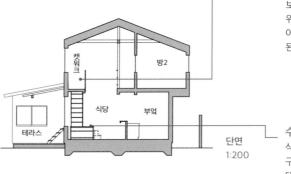

단면
1:200

이런 곳도
보이드 상부의 창을 관리하기 위한 용도이기도 한 캣워크. 아이에게는 특별한 장소가 된다.

수납장에 올라가다!
식당과 거실을 완만하게 구분해주는 수납장은 테라스로 나가는 높은 계단 역할도 하고 캣워크로 가는 계단의 층계참 역할도 한다.

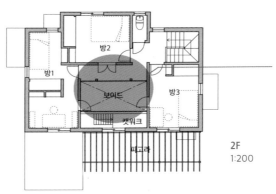

2F
1:200

인기척을 느끼다
방마다 보이드 쪽으로 창을 설치해 다른 방과 아래층에 있는 가족들의 인기척을 느낄 수 있다.

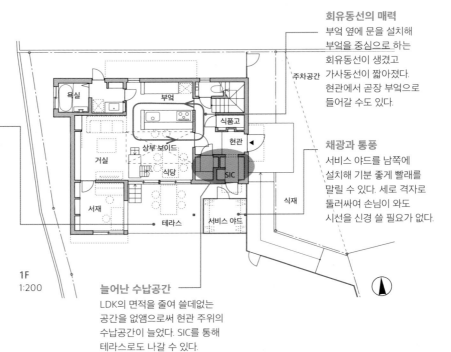

1F
1:200

회유동선의 매력
부엌 옆에 문을 설치해 부엌을 중심으로 하는 회유동선이 생겼고 가사동선이 짧아졌다. 현관에서 곧장 부엌으로 들어갈 수도 있다.

완충지대
남쪽에 있는 부모님 집과 적당한 거리를 유지하기 위해 테라스를 설치해 완충지대로 삼았다. 테라스와 접해 있는 창은 바닥창이 아닌 허리창으로 계단을 올라가면 그를 통해 테라스로 출입할 수 있다.

채광과 통풍
서비스 야드를 남쪽에 설치해 기분 좋게 빨래를 말릴 수 있다. 세로 격자로 둘러싸여 손님이 와도 시선을 신경 쓸 필요가 없다.

늘어난 수납공간
LDK의 면적을 줄여 쓸데없는 공간을 없앰으로써 현관 주위의 수납공간이 늘었다. SIC를 통해 테라스로도 나갈 수 있다.

부지 면적 189.07m²
연면적 104.33m²

땅의 조건
가변성
채광
타인과의 관계
차경
동선
손님
프라이버시
수납
특수한 방
다세대
임대

043

빛의 통로를 만들어 LDK를 북쪽에

사방이 이웃집으로 둘러싸인 깃대 모양의 부지. 환경이 가장 열악한 북쪽 1층에 일부러 LDK를 배치하고 남쪽의 2층 상부 개구부를 통해 LDK까지 빛이 통과하도록 단면을 구성함으로써 집 전체에 빛과 바람이 지나는 길을 만들었다.

깃발 부분에는 하늘이 보이는 외부 공간과 처마가 있는 반옥외 공간 등을 입체적으로 넣었다. 프라이버시를 확보하면서 밝고 개방적인 주거공간이다.

제반 조건
가족 구성: 부부 + 아이 3명
부지 조건: 부지 면적 146.82m²
　　　　　건폐율 60% 용적률 168%
　　　　　전형적인 깃대 모양의 부지. 사방으로 집들이
　　　　　근접해 채광과 통풍뿐만 아니라 프라이버시의
　　　　　확보도 어려운 주변 환경

건축주의 요구 사항
· 밝고 통풍이 잘 되는 집
· 프라이버시 확보
· 하얀 큐브 같은 외관과 자유로운 외부 공간

✕ 밀집지에 대한 연구가 전혀 없다

열지 못하는 창
옆집이 바짝 붙어 있어 창을 설치해도 창을 열지 못하기 십상이다.

통풍도 되지 않는다
방들을 나열해 놓은 1층은 어두울 뿐만 아니라 통풍도 되지 않는다.

눈 앞에 빨래
2층의 남쪽 발코니는 빨래를 말리기에 좋을지는 모르지만 LDK에서 항상 보인다.

어두운 방
사방에 이웃집이 바짝 붙어 있는 깃대 모양의 부지에서 흔히 볼 수 있는 2층 LDK 플랜은 아무런 아이디어가 없으면 1층에서는 낮에도 전기를 켜야 한다.

사용할 수 없는 정원
정원은 남쪽에, 주거는 북쪽에 배치하는 일반적인 배치로 태어난 '사용할 수 없는 정원'.

세탁실 / 욕실 / 홀 / 팬트리 / 부엌 / 거실 / 식당 / 발코니
2F 1:250

주차공간 / 현관 / 홀 / 주침실 / 방1 / 방2 / 방3 / 정원
1F 1:250

땅의 조건

가변성

채광

타인과의 관계

차경

동선

손님

프라이버시

수납

특수한 방

다세대

임대

밝고 기분 좋게

계산된 높이
여름의 뜨거운 햇볕은 막고 겨울의 햇볕은 LDK까지 닿도록 하이사이드 라이트의 높이와 위치를 조정했다.

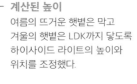

빛이 지나는 길
2층 남쪽에서 1층 북쪽까지 빛이 지나는 길을 만들어 집 전체가 환하고 개방적이다.

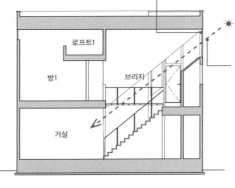

로프트1

방1 | 브리지

거실

단면
1:200

로프트1 | 로프트2 | 로프트3

LF
1:200

상 남쪽 외관. 중앙의 창이 빛의 입구가 되는 하이사이드 라이트.
하 1층 LDK. 2층을 통해 들어온 빛이 1층 북쪽까지 닿는다.

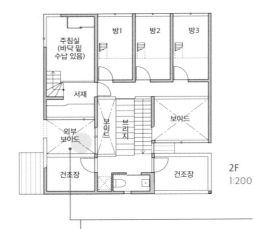

주침실
(바닥 밑 수납 있음)

방1 | 방2 | 방3

서재

보이드 | 브리지 | 보이드

외부 보이드

건조장 | 건조장

2F
1:200

중정으로 개방
현관을 안으로 들여 배치하고 현관 앞을 정원·식재 공간을 겸한 중정 형태의 테라스로 만들어 각 방에서 바깥의 자연을 느낄 수 있다. 중정과 연결되는 현관의 보이드를 통해 각 방으로 빛이 들어가므로 프라이버시를 유지하면서 개방적으로 살 수 있다.

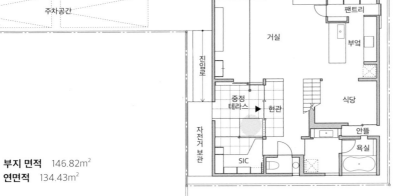

주차 공간

진입로

팬트리

거실

부엌

중정 테라스 | 현관

식당

자전거 보관

안뜰

SIC

욕실

부지 면적 146.82m²
연면적 134.43m²

1F
1:200

044
주위의 시선을
차단하는
'바깥의 방'

외부와 내부의 인상이 다른 집. 외부는 닫힌 인상이지만 내부는 하얀 벽과 천장이 흐르듯이 연결된다. 빛이 확산되면서 안쪽까지 들어와 실내가 밝다.

2층은 거실 앞에 벽으로 둘러싼 발코니를 설치해 발코니의 개구부를 통해 간접적으로 빛을 받아들인다. 완전한 외부도 아니고 내부도 아닌 이 공간은 외부의 시선을 신경 쓰지 않고 안심하며 자유롭게 이용할 수 있다.

제반 조건
가족 구성: 부부 + 아이 2명
부지 조건: 부지 면적 138.96m²
건폐율 50% 용적률 80%
오래된 주택가의 모퉁이 땅. 부지 내에 2m
정도의 고저 차가 있다. 북쪽 도로 건너편에 있는
집합주택의 시선이 신경 쓰인다

건축주의 요구 사항
• 주위에 보고 싶은 경관이 없으므로 폐쇄적으로
• 가족들의 인기척을 느낄 수 있는 밝은 집
• 도서 코너, 피아노 자리, 작업실

**✕ LDK가 비좁고
현관 주변도 답답하다**

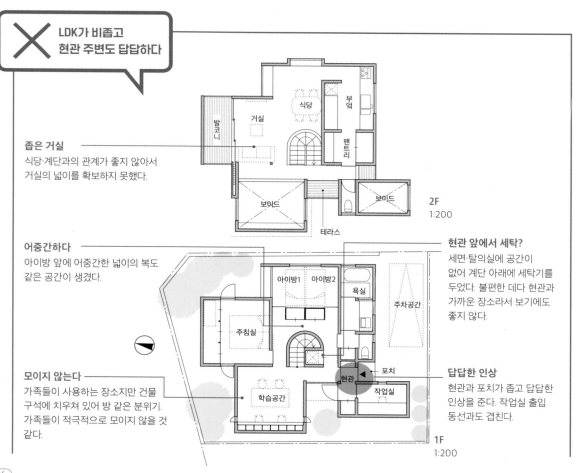

좁은 거실
식당·계단과의 관계가 좋지 않아서 거실의 넓이를 확보하지 못했다.

어중간하다
아이방 앞에 어중간한 넓이의 복도 같은 공간이 생겼다.

모이지 않는다
가족들이 사용하는 장소지만 건물 구석에 치우쳐 있어 방 같은 분위기. 가족들이 적극적으로 모이지 않을 것 같다.

현관 앞에서 세탁?
세면·탈의실에 공간이 없어 계단 아래에 세탁기를 두었다. 불편한 데다 현관과 가까운 장소라서 보기에도 좋지 않다.

답답한 인상
현관과 포치가 좁고 답답한 인상을 준다. 작업실 출입 동선과도 겹친다.

발코니 / 식당 / 부엌 / 거실 / 팬트리 / 보이드 / 보이드 / 테라스

2F 1:200

아이방1 / 아이방2 / 욕실 / 주차공간 / 주침실 / 학습공간 / 현관 / 포치 / 작업실

1F 1:200

높이 차를 이용해 작업실까지

좌 2층 발코니와 거실의 연결. '발코니'라고
부르지만 벽과 지붕으로 둘러싸인 '바깥의 방'.
우 식당에서 바라본 발코니 쪽.

둘러싸인 발코니
벽과 지붕으로 둘러싸인 발코니.
주위의 시선을 신경 쓰지 않고
개방적으로 지낼 수 있다. 실내 같기도
하고 야외 같기도 한 애매한 공간은
거실과도 하나로 이어진다.

효율적으로
부엌은 완전한 독립형이다.
연결된 팬트리는 충분한
수납량을 확보하고 있다.

높이로 보완하다
현관홀 바로 옆에 있는 작업실.
부지의 고저 차를 이용해 이곳만
바닥의 높이가 다른 방보다 낮다.
넓이는 약 1.5평이지만 천장이 높아
볼륨 있는 방이 되었다.

보이지 않는 연결
2개의 아이방은 출입구가
다르지만 창 앞의 책상으로
연결되어 있다. 책상 앞에
동시에 앉으면 서로가 보이고
그 이외의 시간에는 인기척만
전해진다.

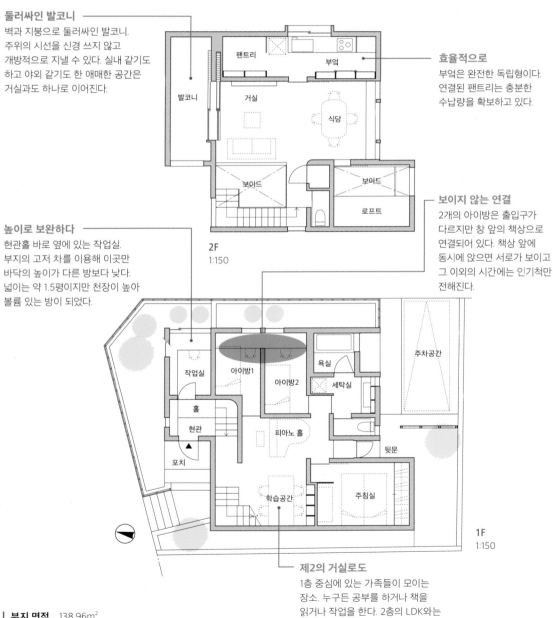

제2의 거실로도
1층 중심에 있는 가족들이 모이는
장소. 누구든 공부를 하거나 책을
읽거나 작업을 한다. 2층의 LDK와는
성격이 다른 가족들의 공간이다.

부지 면적 138.96m²
연면적 111.05m²

땅의 조건
가변성
채광
타인과의 관계
차경
동선
손님
프라이버시
수납
특수한 방
다세대
임대

045

LDK 양쪽의 테라스로 자유롭게 살다

밀집지에 지은 이 집은 프라이버시를 중시하여 생활 공간인 LDK와 방을 2층과 3층에 배치했다. 옆집이 붙어 있어 비교적 어두운 1층에는 욕실 외에 완충지대로서 통로식 봉당을 만들었다. 통로식 봉당은 현관문을 열면 거리와 연결되는 시스템이다. 2층과 3층의 거주 공간에는 발코니를 야외 거실로 여러 개 만들어 닫힌 공간 안에서도 넓은 시야를 확보했다.

제반 조건
가족 구성: 부부 + 아이 2명
부지 조건: 부지 면적 163.62m²
　　　　　 건폐율 60% 용적률 160%
　　　　　 밀집지의 동서로 긴 부지. 서쪽에 약 3m의 내리막 경사가 있다

건축주의 요구 사항
· 개방감 있는 발코니
· 밝고 열린 거실
· 취미용품들을 두는 공간

✕ **밀집지의 단점을 극복하지 못했다**

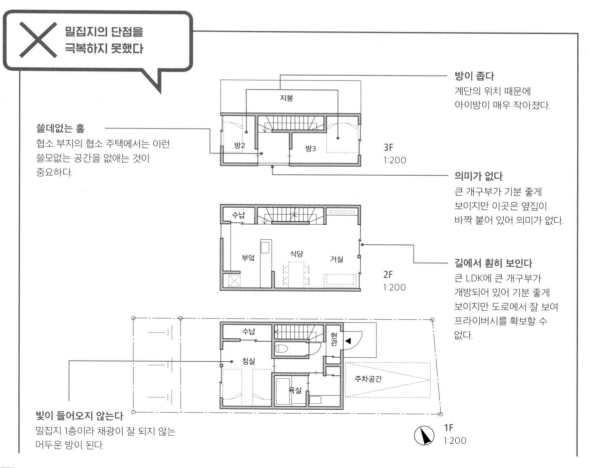

쓸데없는 홀
협소 부지의 협소 주택에서는 이런 쓸모없는 공간을 없애는 것이 중요하다.

방이 좁다
계단의 위치 때문에 아이방이 매우 작아졌다.

지붕 / 방2 / 방3
3F 1:200

의미가 없다
큰 개구부가 기분 좋게 보이지만 이곳은 옆집이 바짝 붙어 있어 의미가 없다.

수납 / 부엌 / 식당 / 거실
2F 1:200

길에서 훤히 보인다
큰 LDK에 큰 개구부가 개방되어 있어 기분 좋게 보이지만 도로에서 잘 보여 프라이버시를 확보할 수 없다.

수납 / 침실 / 현관 / 욕실 / 주차공간
1F 1:200

빛이 들어오지 않는다
밀집지 1층이라 채광이 잘 되지 않는 어두운 방이 된다.

계단의 위치를 연구해
2개의 테라스로 밝게

좌 1층 현관에서 서쪽 정원까지 이어지는 긴 봉당
우 2층 LDK. 중앙의 계단 위에서 빛이 떨어지는 것을 볼 수 있다.
정면의 발코니도 빛과 공간감을 가져다준다.

땅의 조건

가변성

채광

타인과의 관계

차경

동선

손님

프라이버시

수납

특수한 방

다세대

임대

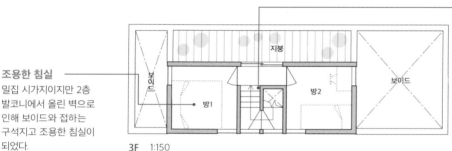

계단의 위치가 중요
계단을 집의 중앙에 놓으면 쓸데없는 통로를 줄여 방을 넓게 쓸 수 있다. 스켈레톤 계단을 설치해 빛이 위층에서 아래층으로 전해진다.

조용한 침실
밀집 시가지이지만 2층 발코니에서 올린 벽으로 인해 보이드와 접하는 구석지고 조용한 침실이 되었다.

3F 1:150

또 하나의 발코니
서쪽에도 발코니를 만들어 LDK에 개방감을 주었다. 절벽 쪽에는 건물을 배치할 수 없으므로 이 테라스는 오버행(돌출형)으로 만들어졌다.

밖으로 확장
LDK와 연결되는 개방적인 발코니는 야외 거실 역할을 한다. 도로 쪽으로 벽을 세웠기 때문에 도로 쪽의 시선을 신경 쓰지 않고 오픈해 지낼 수 있다.

2F 1:150

욕실 정원
절벽 쪽에 안뜰을 만들어 그 녹음을 보며 여유롭게 목욕할 수 있다.

긴 봉당의 효용
취미인 서핑보드도 놓을 수 있는 넓고 긴 봉당. 넓은 봉당 덕분에 어두운 1층에 개방감이 생긴다. 현관의 양쪽 문을 열면 거리와 이어진다.

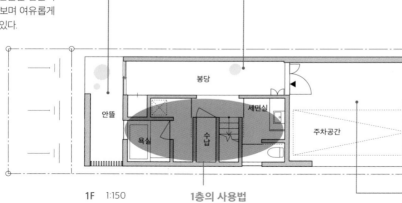

1F 1:150

부지 면적 163.62m²
연면적 77.82m²

1층의 사용법
협소지라서 매우 어두워지는 1층에는 방을 두지 않고 욕실과 화장실, 세면실을 집중시켰다.

큰 포치
상부 발코니가 있어서 주차를 해도 충분히 넓고 비에 젖지 않는 진입로가 되었다.

046

프라이버시와 고지대의 전망까지

고지대에 위치한 부지의 가능성을 최대한 살려 녹음과 전망을 충분히 즐길 수 있는 공간을 추구한 집.

부지와 각도를 틀어 건물을 배치함으로써 큰 개구부는 이웃의 시선을 피할 수 있게 되었고, 그 결과 프라이버시를 지키면서도 전망을 마음껏 즐길 수 있는 풍요로운 집이 되었다. 실내는 마감재로 나무, 쇠, 타일 등의 소재를 섞어 사용하여 긴장과 완화의 균형을 맞춘 기분 좋은 공간이 되었다.

제반 조건

가족 구성: 부부 + 아이 1명
부지 조건: 부지 면적 288.75m²
　　　　　건폐율 40%, 용적률 80%
　　　　　한적한 주택가 변두리의 고지대에 있는 부지.
　　　　　강이 흐르는 동쪽이 계곡이라 전망이 열려 있다.
　　　　　남쪽에 이웃집이 있다.

건축주의 요구 사항

· 편리한 동선
· 전망을 살리고 싶다
· 사생활 확보

✕ 평범한 배치로 생활이 재미없다

출입하기 어렵다
빌트인 차고를 서쪽에 만들었는데 전면 도로가 4m로 좁아 핸들을 크게 꺾어야 하고 출입이 번거롭다.

가사동선이 길다
팬트리를 빠져 나가는 뒷동선은 좋지만 그곳을 지나더라도 부엌과 욕실이 너무 떨어져 있어서 가사 효율이 떨어진다.

구석진 세면실
욕실 옆의 조금 구석진 세면실. 가족만 쓴다면 괜찮지만 손님이 왔을 때는 가사동선과 교차되어 신경 쓰인다.

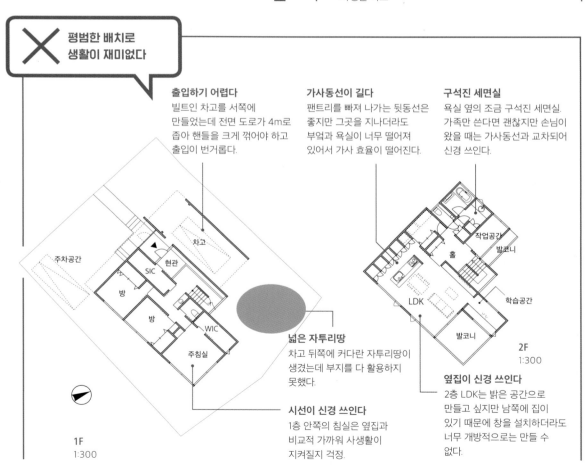

1F
1:300

넓은 자투리땅
차고 뒤쪽에 커다란 자투리땅이 생겼는데 부지를 다 활용하지 못했다.

시선이 신경 쓰인다
1층 안쪽의 침실은 옆집과 비교적 가까워 사생활이 지켜질지 걱정.

2F
1:300

옆집이 신경 쓰인다
2층 LDK는 밝은 공간으로 만들고 싶지만 남쪽에 집이 있기 때문에 창을 설치하더라도 너무 개방적으로는 만들 수 없다.

각도를 틀어
여러 장점을 얻다

좌 건물 외관
우 2층 LDK. 바깥의 시선을 신경 쓰지 않아도 되는 밝은 공간이다.

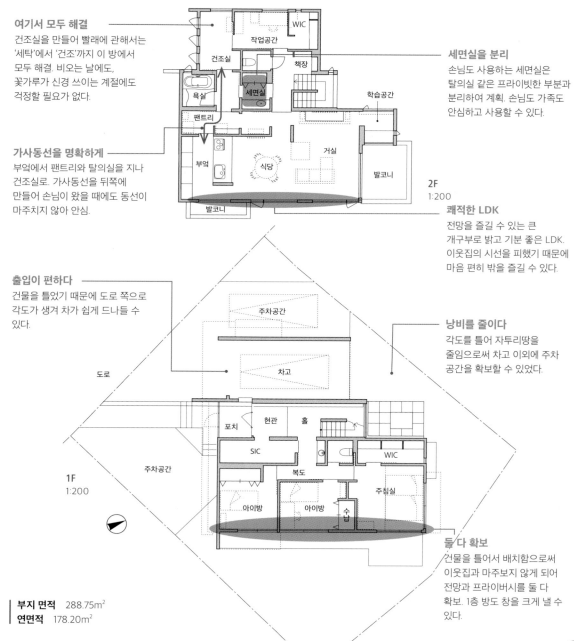

여기서 모두 해결
건조실을 만들어 빨래에 관해서는 '세탁'에서 '건조'까지 이 방에서 모두 해결. 비오는 날에도, 꽃가루가 신경 쓰이는 계절에도 걱정할 필요가 없다.

세면실을 분리
손님도 사용하는 세면실은 탈의실 같은 프라이빗한 부분과 분리하여 계획. 손님도 가족도 안심하고 사용할 수 있다.

가사동선을 명확하게
부엌에서 팬트리와 탈의실을 지나 건조실로. 가사동선을 뒤쪽에 만들어 손님이 왔을 때에도 동선이 마주치지 않아 안심.

작업공간 · WIC · 건조실 · 책장 · 욕실 · 세면실 · 학습공간 · 팬트리 · 거실 · 부엌 · 식당 · 발코니 · 발코니

2F
1:200

쾌적한 LDK
전망을 즐길 수 있는 큰 개구부로 밝고 기분 좋은 LDK. 이웃집의 시선을 피했기 때문에 마음 편히 밖을 즐길 수 있다.

출입이 편하다
건물을 틀었기 때문에 도로 쪽으로 각도가 생겨 차가 쉽게 드나들 수 있다.

낭비를 줄이다
각도를 틀어 자투리땅을 줄임으로써 차고 이외에 주차 공간을 확보할 수 있었다.

주차공간 · 차고 · 도로 · 포치 · 현관 · 홀 · SIC · WIC · 복도 · 주차공간 · 주침실 · 아이방 · 아이방 · 수납

1F
1:200

둘 다 확보
건물을 틀어서 배치함으로써 이웃집과 마주보지 않게 되어 전망과 프라이버시를 둘 다 확보. 1층 방도 창을 크게 낼 수 있다.

| **부지 면적** | 288.75m² |
| **연면적** | 178.20m² |

047

제한적인 조건에서 공간감을 만들어낸 2층 LDK

여기서는 건물과 부지를 틀어서 배치해 정원의 공간과 인접지와의 거리를 확보하고 한정된 공간을 효과적으로 활용할 수 있도록 계획을 세웠다. 그리고 도로 반대인 북쪽과 서쪽으로 활짝 개방하는 평면으로. 석양볕을 가리기 위해 큰 발코니를 설치하고 차양 타프(tarp: 타르를 칠한 방수 시트)로 햇볕을 가리도록 했다. 2층은 경사 천장을 살린 개방적인 공간. 욕실과 세면실 등을 1층에 두어 각 층을 넓게 활용했다.

제반 조건

가족 구성: 부부 + 아이 2명
부지 조건: 부지 면적 120.16m²
　　　　　건폐율 60% 용적률 200%
　　　　　북쪽으로 개방된 삼각형 모양의 부지. 북쪽으로는 개울이 흐르고 서쪽으로도 트여 있다

건축주의 요구 사항

• 나무 집에 살고 싶고 흙을 만지며 살고 싶다
• 바람과 햇빛을 느끼고 싶다
• 부엌에서의 시간이 충실했으면 좋겠다

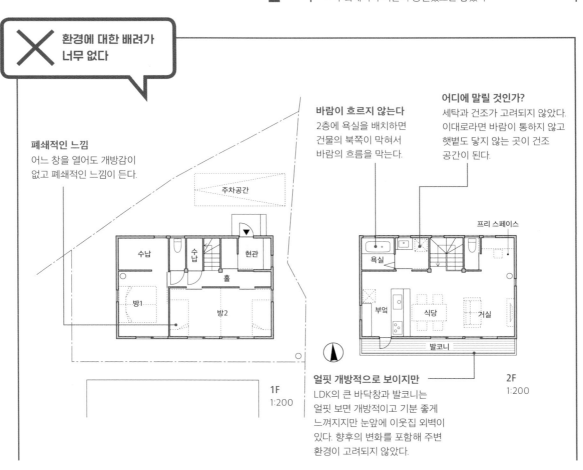

✕ 환경에 대한 배려가 너무 없다

폐쇄적인 느낌
어느 창을 열어도 개방감이 없고 폐쇄적인 느낌이 든다.

바람이 흐르지 않는다
2층에 욕실을 배치하면 건물의 북쪽이 막혀서 바람의 흐름을 막는다.

어디에 말릴 것인가?
세탁과 건조가 고려되지 않았다. 이대로라면 바람이 통하지 않고 햇볕도 닿지 않는 곳이 건조 공간이 된다.

주차공간

수납　수납　현관
방1　홀
방2

1F
1:200

욕실　프리 스페이스
부엌　식당　거실
발코니

2F
1:200

얼핏 개방적으로 보이지만
LDK의 큰 바닥창과 발코니는 얼핏 보면 개방적이고 기분 좋게 느껴지지만 눈앞에 이웃집 외벽이 있다. 향후의 변화를 포함해 주변 환경이 고려되지 않았다.

놀이와 실용을
함께 추구한 2층 발코니

좌 욕실 앞의 욕실 정원.
우 개방적인 2층 LDK. 부엌 카운터의
모자이크 타일을 보면 작업이
즐거워진다.

땅의 조건

가변성

채광

타인과의 관계

차경

동선

손님

프라이버시

수납

특수한 방

다세대

임대

널찍한 거실
빛과 바람을 느끼고 싶다는
건축주의 바람을 이루기 위한 2층
거실. 경사 천장으로 인해 개방적인
공간이 되었다.

푹 쉬다
가끔 누워서 쉴 수 있는 다다미
코너. 거실 소파와는 느낌이
다른 휴식 공간이 된다.

큰 발코니
서쪽의 햇살을 막기 위한 지붕을
놓을 수 있도록 프레임을 장착한
큰 발코니. 여름에는 차양을 달아
햇빛을 가린다. 아이들이 좋아하는
해먹을 달 수 있도록 만들었다.

거실·식당

다다미 코너

발코니

부엌

2F
1:150

설레는 부엌
부엌에서 보내는 시간을
소중히 여기고 싶다는 요청에
따라 부엌 공간은 좋아하는
가구를 놓을 수 있도록 넓은
공간을 확보. 대면 카운터는
부엌으로 갈 때마다 기분 좋은
설렘을 주는 모자이크 타일로
마감했다.

안길이를 만들기 위한 연구
부지와 건물을 틀어서
배치함으로써 집과 부지의 경계
사이에 삼각형의 빈 땅이 생겼다.
이곳을 주차 공간으로 사용하는
한편, 욕실 가리개를 겸해 판자
울타리와 나무를 심었다. 비스듬한
부분을 잘 사용하면 안길이가 생겨
공간이 넓게 느껴진다.

주차공간

욕실

세면실

방1

홀

방2

현관

부지 면적 120.16m²
연면적 86.13m²

1F
1:150

048

L과 DK의 위치를
어긋나게
배치

역세권 신흥 주택지에 지은 주택. 북쪽 도로로, 단차가 없는 정방형 부지.

맞배지붕 건물을 중앙에서 어긋나게 만들어 주차장과 진입로, 정원을 만들었고 넓은 개구면으로 채광과 통풍을 확보했다. L자형 LDK에는 보이드를 설치해 정원과 연결시킴으로써 보다 넓게 느껴지도록 했다.

제반 조건
가족 구성: 부부 + 아이 2명
부지 조건: 부지 면적 146.40m²
　　　　　　건폐율 60% 용적률 120%
　　　　　　신흥 주택지의 정형 부지

건축주의 요구 사항
· 가족이 모일 수 있는 LDK
· 소재감을 즐기고 싶다(응회석을 좋아한다)
· 응접실이 있었으면
· 밝고 통풍이 잘 되도록
· 침실에 서재 코너를

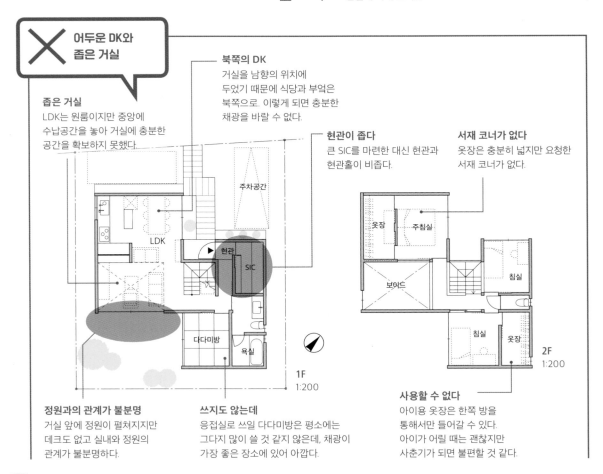

✕ 어두운 DK와
좁은 거실

좁은 거실
LDK는 원룸이지만 중앙에 수납공간을 놓아 거실에 충분한 공간을 확보하지 못했다

북쪽의 DK
거실을 남향의 위치에 두었기 때문에 식당과 부엌은 북쪽으로. 이렇게 되면 충분한 채광을 바랄 수 없다.

현관이 좁다
큰 SIC를 마련한 대신 현관과 현관홀이 비좁다.

서재 코너가 없다
옷장은 충분히 넓지만 요청한 서재 코너가 없다.

주차공간

LDK

현관

SIC

다다미방

욕실

1F
1:200

옷장

주침실

보이드

침실

침실

옷장

2F
1:200

정원과의 관계가 불분명
거실 앞에 정원이 펼쳐지지만 데크도 없고 실내와 정원의 관계가 불분명하다.

쓰지도 않는데
응접실로 쓰일 다다미방은 평소에는 그다지 많이 쓸 것 같지 않은데, 채광이 가장 좋은 장소에 있어 아깝다.

사용할 수 없다
아이용 옷장은 한쪽 방을 통해서만 들어갈 수 있다. 아이가 어릴 때는 괜찮지만 사춘기가 되면 불편할 것 같다.

생활공간을 지그재그로 배열해 공간감과 빛을 얻다

책장
요청했던 서재 코너를 옷장과 한 공간에 만들었다. 큰 책꽂이도 있는 차분한 서재.

좌 테라스 너머로 거실을 본 모습. 오야 응회석을 깐 테라스가 잘 어울린다.
우 거실에서 뒤돌아본 모습. DK가 지그재그로 이어진다.

통풍이 잘 되도록
침실 북쪽에 발코니를 만들고 개구부를 설치하여 남쪽과 양방향으로 기분 좋은 바람이 통한다.

충분한 수납
침실에서 서재공간까지 한쪽 벽면을 다 이용해 충분한 수납량을 확보했다.

낭비를 줄이다
계단을 중앙에 배치하면 각 방에 방사형으로 접근할 수 있어 이동만을 위한 쓸데없는 복도를 줄일 수 있다.

보이드로 빛을
이 부분의 보이드를 통해 1층 거실은 안쪽(동쪽)까지 밝아지고 개방감도 높아진다.

(2F 평면도: 발코니, 서재 겸 WIC, 주침실, 아이방1, 복도, 보이드, 아이방2)

2F
1:150

다양하게 쓸 수 있다
응접실로 쓰는 다다미방은 조용한 북쪽에 배치. 부엌이나 욕실과도 가까워 집안일 하는 틈틈이 사용할 수 있을 것 같다.

DK도 밝게
식당과 부엌에도 남쪽 개구부가 있어 밝다. 겨울에도 난방이 필요 없을 만큼 따뜻하다.

거실의 확장
남쪽 개구부를 고집하지 않고 건물을 남쪽으로 붙여 충분한 넓이의 거실로. 보이드나 테라스와의 연속성으로 방이 더 넓어 보인다. 흰색 응회석을 깐 테라스가 빛을 반사해 실내를 환하게 해준다.

현관에 여유
SIC 등의 수납공간을 확보하면서도 현관과 홀에 여유가 있다.

가까이서 즐기다
건축주가 좋아하는 오야 응회석을 테라스뿐만 아니라 내부 인테리어에도 사용. 가까이서 소재감을 즐길 수 있다.

(1F 평면도: 주차공간, 벽장, 다다미방, 욕실, 포치, 세면실, 현관, 수납, 복도, 부엌, 식당, 수납, 테라스, 거실)

1F
1:150

석재 테라스
거실과 식당 앞에 응회석으로 테라스를 만들었다. 이 소재의 고유한 마감을 감상하며 실내외를 오간다.

부지 면적 146.40m²
연면적 103.14m²

049

톱 라이트를 통해 1층 LDK로 빛을 보내다

역에서 가까운 한적한 주택가에 있는 안길이가 깊은 깃대 모양의 부지. 사방이 건물로 둘러싸여 있고 현관 위치도 남쪽이라서 거실의 채광 확보가 과제였다.

그래서 1층 거실에 보이드를 설치하고 동남면의 하이사이드 라이트와 2개의 커다란 톱 라이트를 통해 빛을 끌어들였다. 2층과 3층에는 방과 욕실을 배치. 보이드를 중심으로 하는 생활에 편리한 플랜이다. 기밀성이 높은 에너지 절약 주택으로 실내는 밝고 겨울에도 따뜻하다.

제반 조건
가족 구성: 부부 + 아이 2명
부지 조건: 부지 면적 134.28m²
　　　　　건폐율 50%　용적률 100%
　　　　　한적한 주택지. 깃대 모양의 부지로 사방이
　　　　　이웃집으로 둘러싸여 있다

건축주의 요구 사항
* 협소지이지만 밝은 1층 거실
* 가사동선과 수납공간의 충실
* 보이드를 통해 가족들이 연결되도록

✕ 아이디어를 냈지만 오히려 불편할 것 같다

아깝다
불꽃놀이가 보이길 기대하고 발코니를 계획했지만 높이로 봐서 보이지 않을 것 같다. 햇볕이 가장 잘 드는 이 장소를 발코니로 만들기는 아깝다.

빛이 모자라다
남향의 거실을 만들기 어려우므로 보이드 상부를 통해 빛을 끌어들이는 계획. 하지만 이웃집이 가까이 붙어 있어서 생각처럼 볕이 들지 않는다.

너무 좁다
SIC를 설치해 2Way 동선을 만들었지만 너무 좁아서 쓸 수 없다. 오히려 지저분할 것 같다.

추위 방지인데
1층으로 냉기가 내려오는 것을 막기 위해 문을 달았는데 그로 인해 2층의 넓은 복도가 폐쇄적이 되어 그 공간을 효과적으로 사용하지 못한다.

번잡스럽다
LDK 한가운데에 있는 학습 코너는 텔레비전과도 가까워 번잡스러운 장소. 집중해서 공부하기는 어렵지 않을까?

제기능을 못하다
가사동선을 줄이기 위해 실내 건조도 가능한 세탁실을 계획. 배려는 나쁘지 않지만 여기는 햇볕도 잘 들지 않아 제기능을 거의 못한다.

루프 발코니　　창고
3F　1:200

아이방　　복도　　창고
아이방　　보이드　　WIC　　주침실
2F　1:200

학습 코너
피아노실　　거실　　부엌　　욕실
현관　　　식당
세탁실
1F　1:200

욕실을 2층으로 올리고 생활에 리듬감을 주다

좌 보이드를 올려다 본 모습. 톱 라이트에서 떨어지는 빛.
우 1층 LDK. 보이드 상부의 하이사이드 라이트로도 채광. 식당 안쪽에 학습 코너가 있다.

마음껏 말릴 수 있다
3층 발코니라서 프라이빗하고 빨래도 마음껏 말릴 수 있다.

3F
1:150

아이방2

루프 발코니

다락방

상부 톱라이트

위에서 빛이 떨어지다
거실 상부를 보이드로 만들어 톱 라이트와 동쪽의 하이사이드 라이트를 통해 빛이 떨어지는 밝은 공간이 되었다.

가족 WIC
방을 크게 만들지 않은 만큼 의류 수납공간을 이 두 곳으로 모았다. 세탁 후 정리도 편하다.

WIC

복도

WIC

특별함
스켈레톤 계단과 보이드 사이에 있는 복도는 브릿지 형태가 되어 공간에 악센트를 준다. 아울러 주침실의 사생활도 확보된다.

아이방1

보이드

욕실

주침실

2F
1:150

계단 및 수납

프리 룸

부엌

팬트리

수납

수납

상부 보이드

거실·식당

학습 코너

현관

복도

1F
1:150

포치

충실한 팬트리
부엌 옆에 있는 팬트리는 면적비로 보면 너무 커 보일 수도 있지만 일부러 크게 만들어 LDK에서는 깔끔하게 생활할 수 있도록 했다.

약간 구석에
알코브 형태의 구석진 곳에 다함께 사용할 수 있는 스터디 코너를 설치. LDK에서 보이는 위치지만 조금 구석진 곳이라 차분하게 공부할 수 있다.

부지 면적 134.28m²
연면적 125.74m²

땅의 조건 / 가변성 / 채광 / 타인과의 관계 / 차경 / 동선 / 손님 / 프라이버시 / 수납 / 특수한 방 / 다세대 / 임대

050
보이드 상부의 창으로 1층 LDK를 밝게

정면 폭이 좁고 긴 토지로, 공간을 최대한 활용할 수 있도록 연구한 주택. 밀집지의 1층 LDK는 어두워지기 쉽지만 충분한 빛을 확보하기 위해 부지의 남쪽을 최대한 비우고 보이드와 하이사이드 라이트를 설치했다. 2층의 2평 남짓한 작업장 겸 서재는 붙박이장으로 만든 편리한 공간. 자연 소재의 회반죽과 규조토를 모든 방에 사용했고, 가족의 삶을 생각하며 세세한 부분까지 신경 써 만족스러운 LDK를 만들었다.

제반 조건
가족 구성: 부부 + 아이 1명
부지 조건: 부지 면적 124.50m²
　　　　　 건폐율 50% 용적률 80%
　　　　　 북서도로의 정형지. 바다가 가까우며 여름에는
　　　　　 근처에서 불꽃놀이 대회가 열려 바닷가 집도 함께
　　　　　 활기를 띤다

건축주의 요구 사항
· 2평 정도의 작업장 겸 서재
· 넓고 밝고 통풍이 잘되는 LDK
· 봉당 수납공간과 SIC를 별도로

✕ 밀집지의 채광에 대한 연구가 부족하다

외로운 아이방
북쪽의 아이방은 어둡고 고립되기 쉽다. 무리해서 넓게 만들기보다 볕이 잘 드는 장소에 배치하면 좋겠다.

아깝다
햇볕이 잘 드는 곳에 옷장을 두기는 아깝다

2F
1:200

부자연스럽다
바닥을 한 단 높인 다다미 코너는 거실과는 다른 휴식 공간이지만 부자연스러워 일체감이 없다. 이 면적을 좁은 화장실에 할애하는 등 좀 더 고민했으면 좋겠다.

1F
1:200

부엌이 들여다보인다
채광을 고려해 거실을 남쪽에 두었기 때문에 현관에서 거실로 향하는 동선상에 부엌을 배치. 이러면 손님에게 부엌이 훤히 들여다보인다.

어두운 데크
부지 남쪽의 최대 경계선까지 건물을 배치했기 때문에 밖에서는 데크로 갈 수 없다. 또한 옆집의 그늘 때문에 데크와 LDK에 충분한 볕이 들지 않는다.

하이사이드 라이트를 효과적으로 사용

좌 2층 서재. 좁고 깊지만 홀 쪽으로 개방되어 답답한 느낌이 없다.
우 1층 LDK. 단차를 둔 다다미 바닥이 위화감 없이 LDK와 연결되어 있다.

땅의 조건

가변성

채광

타인과의 관계

차경

동선

손님

프라이버시

수납

특수한 방

다세대

임대

넓게
업무실 겸 서재는 폭이 1칸(1820mm)인 좁고 긴 공간이지만 조금이라도 넓게 느껴지도록 홀 쪽으로 칸막이를 하지 않고 개방했다. 공간이 계단 상부까지 연결돼 좁게 느껴지지 않는다.

빛을 떨어뜨리다
수납을 위해 로프트를 설치했는데 일부가 보이드로 되어 있어 높은 위치의 창을 통해 들어온 빛이 회반죽벽에 반사되면서 부드러운 빛을 1층까지 보낸다.

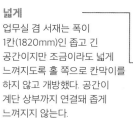

홀

작업실 겸 서재

세미 보이드
(상부 로프트)

보이드

아이방

침실

WIC

발코니

2F
1:150

침실도 아이방도
두 방 모두에 햇볕이 잘 들도록 배치. 발코니와 접해 있어 햇볕이 잘 드는 외부 공간을 가까이서 누릴 수 있다.

하이사이드 라이트
2층의 아이방과 침실은 경사 천장으로 만들고 하이사이드 라이트를 설치해 방 전체를 밝게 만든다.

편리성을 고려해
봉당 수납공간과는 별도로 신발장을 설치해 정리한다. 동선도 짧아져서 편리하다.

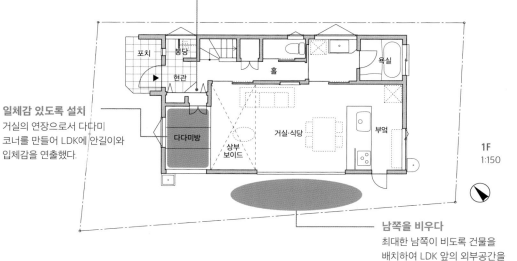

포치

봉당

홀

욕실

현관

다다미방

상부 보이드

거실·식당

부엌

1F
1:150

일체감 있도록 설치
거실의 연장으로서 다다미 코너를 만들어 LDK에 안길이와 입체감을 연출했다.

남쪽을 비우다
최대한 남쪽이 비도록 건물을 배치하여 LDK 앞의 외부공간을 확보. 데크를 만들면 LDK에 공간감이 생겨 채광과 통풍이 모두 좋아진다.

부지 면적 124.50m²
연면적 92.33m²

051

거실 보이드에 흘러넘치는 빛과 바람

남쪽의 부모님 집으로 가는 통로가 부지보다 약 1m 아래에 있다. 비교적 길쭉한 부지라서 남쪽으로 큰 창을 설치하면 통행하는 사람이 신경 쓰이기 때문에 남쪽에는 허리창을 달고 동쪽 데크 방향으로 보이드까지 이어지는 큰 창을 설치했다. 데크 테라스에서 부모님과 교류한다.

큰 보이드가 있는 거실은 개방적인 느낌을 주며 통풍도 잘 된다. 붙박이 가구로 부엌과 거실이 적당히 분리되면서도 아이의 인기척을 느낄 수 있는 플랜이다.

제반 조건
가족 구성: 부부 + 아이 1명
부지 조건: 부지 면적 165.89㎡
　　　　　건폐율 40% 용적률 80%
　　　　　주택가 안의 비교적 교통량이 많은 도로와 접해 있는 부지

건축주의 요구 사항
- 요리 중에도 가족의 인기척을 느끼고 싶다
- 미국의 아이클러 주택 분위기를 좋아한다
- 서재 코너가 있으면 좋겠다

✕ 남향 채광에 집착한 평범한 플랜

2F 1:200

서로 신경이 쓰이는
아이방과 나란히 있는 응접실. 서로 신경을 쓰게 될 것 같다.

어수선하다
욕실이 도로와 접해 있어 창을 도로 쪽으로 낼 수밖에 없다. 1층에도 빨래를 말릴 장소가 필요하다.

WIC / 주침실 / 서재 / 보이드 / 응접실 / 아이방 / 수납 / 발코니

역할이 명확하지 않다
단조롭고 안길이도 없어서 어떻게 쓰면 좋을지 알 수 없는 발코니.

1F 1:200

막다른 곳
SIC은 좋지만 거실로 가는 동선도 없고 깜깜한 창고 같은 느낌. 쓰지 않는 물건을 방치하는 공간이 될 것 같다.

주차공간 / 욕실 / SIC / 현관 / 상부 보이드 / 거실 / 부엌 / 식당 / 데크

여유가 없다
가까이 사는 부모님과 교류하는 장소인데 끄트머리에 치우친 느낌. 안정감이 없다.

어중간하다
안길이가 어중간하다. 정원으로 즐길 수 있는 넓이가 아니므로 조금 더 효과적으로 활용할 수 있는 방향을 찾으면 좋겠다.

외로울 듯
대면 부엌이지만 가림벽으로 거실과 막혀 있어 한쪽 구석으로 밀려난 인상을 준다.

외부의 시선을 배려해
동쪽 데크 쪽으로 개방

좌 2층 응접실에서 바라본 보이드 방향
보이드와 나란히 좁고 긴 서재가 보인다.
우 1층 거실. 보이드의 넓은 공간은 야외 데크
쪽으로도 이어진다.

홀과 연결되다
코너의 미닫이문을 열어두면
홀과 방이 하나의 공간으로.
아이의 널찍한 놀이터가 된다.

인기척을 느끼며
보이드 옆의 좁고 긴 서재공간.
작은 면적이지만 책꽂이와
책상을 짜 넣었다. 아래층의
인기척을 느끼며 작업할 수
있다.

지붕이 있는 바깥
침실을 넓게 만들어 주는 지붕
달린 발코니. 통풍과 채광이
좋아 여름이면 맥주를 즐길
수도.

WIC
응접실
아이방
주침실
홀 상부 톱 라이트
발코니
서재
보이드
2F
1:150

안길이를 만들다
집의 중간 부분에 현관을
설치하여 도로에서 진입로까지
안길이가 생겼다.

함께 즐기다
가까이 사는 부모님과 교류하는 데크
테라스. LDK와 가까워 부담 없이
식사나 차를 함께 할 수 있다.

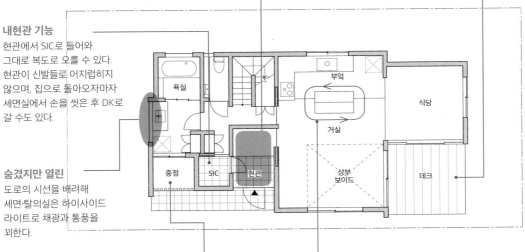

내현관 기능
현관에서 SIC로 들어와
그대로 복도로 올 수 있다.
현관이 신발들로 어지럽히지
않으며, 집으로 돌아오자마자
세면실에서 손을 씻은 후 DK로
갈 수도 있다.

숨겨지만 열린
도로의 시선을 배려해
세면·탈의실은 하이사이드
라이트로 채광과 통풍을
꾀한다.

욕실
부엌
식당
거실
중정
SIC
현관
상부
보이드
데크

실내처럼
격자로 시선이 차단되고 2층이
있어 비도 맞지 않는 중정.
건조장으로도 사용할 수 있고
욕실 환기에도 효과적.

기능성 향상
부엌은 L자형이지만 가전 수납
가구를 짜 넣어 회유동선을
만들었다. 부엌 쪽은 조리 가전,
거실 쪽은 텔레비전을 수납할
수 있도록 특별 주문한 가구로
생활에 리듬감을 부여했다.

1F
1:150

부지 면적 165.89m²
연면적 120.65m²

땅의 조건
가변성
채광
타인과의 관계
차경
동선
손님
프라이버시
수납
특수한 방
다세대
임대

2개 보이드로 빛과 온기가 온 집에 퍼지는 패시브하우스

건축주가 직접 기본 설계한 에너지 절약형 패시브하우스. 통풍과 채광 방법은 물론이고 장작 난로의 온기를 효과적으로 퍼뜨리는 아이디어도 담겨 있다.

꼭 필요한 방은 주침실뿐인 부부만 사는 공간이라 2층에는 침실과 보이드를 중심으로 한 커다란 서재만 두었다. 집의 중심부에 설치한 장작 난로는 2개의 보이드를 통해 집 안 전체에 온기를 전하는 동시에 LDK와 욕실 및 현관공간 등을 느슨하게 나누어 생활공간에 리듬감을 부여한다.

제반 조건
가족 구성: 부부
부지 조건: 부지 면적 135.58m²
　　　　　 건폐율 60%　용적률 92.9%
　　　　　 한적한 주택가의 평지. 동쪽에서 도로와 접한다.
　　　　　 유명한 불꽃놀이 대회를 볼 수 있다

건축주의 요구 사항
• 패시브 디자인의 에너지 절약형 주택
• 장작 난로와 넓은 서고
• 서재가 있는 집

✕ 전체적으로 어둡고 바람과 열이 고루 퍼지지 않는다

어두운 부엌
창의 수가 적기 때문에 햇볕이 잘 들지 않고 부엌이 어둡다.

너무 넓은 봉당
장작 난로 놓을 장소를 생각해 봉당을 넓게 만들었는데, 집 전체의 공간이 애초에 이상해서 화장실에 가기도 어렵다.

너무 넓다
빨래를 말리거나 편안히 쉴 수 있는 데크 공간으로 넓게 만들었지만 쓸데없이 너무 넓어 주차장과 정원을 만들 수 없게 되었다.

아쉬운 공간
옷장을 칸막이 없이 설치해 그만큼 공간은 넓어졌지만 옷장의 내용물이 훤히 보여 어수선하다.

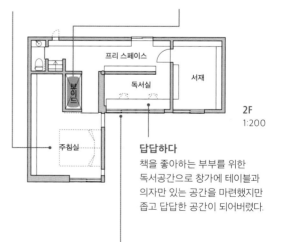

좁은 보이드
난로의 연통이 지나는 통로로서 보이드를 만들었는데, 보이드가 좁고 칸막이가 너무 많아 난로의 열이 집 전체로 퍼지지 않는다.

답답하다
책을 좋아하는 부부를 위한 독서공간으로 창가에 테이블과 의자만 있는 공간을 마련했지만 좁고 답답한 공간이 되어버렸다.

아쉬운 2층
1층에 넓은 데크가 있기 때문에 2층에는 발코니를 설치하지 않았는데 전체적인 외관을 생각하면 아쉽다.

빛과 바람과 열이
집 전체에 전해지도록

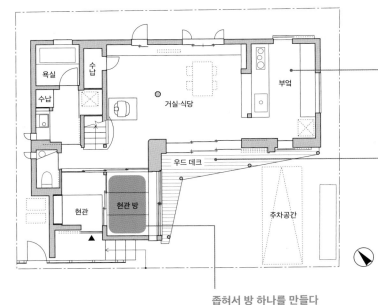

1층 LDK. 보이드로 2층과도 연결된다. 침실로 가는 동선 부분은 양쪽이 목제 난간으로 되어 있어 다리를 건너는 느낌.

2개의 보이드
보이드를 두 군데에 만들어 빛과 열이 집 안 전체에 퍼진다.

통째로 서재
완전히 닫혀 있는 부분을 없애 널찍한 서재를 만들었다. 어디서든 자유롭게 책을 읽을 수 있다.

2층에도 발코니
1층의 우드 데크를 좁힌 만큼 2층에도 발코니를 만들었다. 갖가지 물건을 밖에서 말리는 등 다양하게 사용 가능하다.

열어도 닫아도
침실에 약 6m의 넓은 옷장을 설치하고 주침실과는 미닫이문으로 공간을 막았다. 문을 닫으면 침실이 깔끔해 보이고 열어두면 침실이 넓어 보인다.

서재
서고
보이드
옷장
발코니
주침실

2F
1:150

밝은 부엌
대면 부엌에 카운터 테이블을 만들고 창의 개수를 늘여 햇볕이 잘 든다.

슬림화하다
데크 공간을 좁히고 주차공간과 정원을 확보해 훨씬 개방적인 공간이 되었다.

욕실
수납
수납
거실·식당
부엌
우드 데크
현관
현관 방
주차공간

1F
1:150

좁혀서 방 하나를 만들다
현관·봉당을 작게 만들고 '현관 방'을 만들었다. 작은 방이지만 응접실로 이용할 수 있다.

| **부지 면적** | 135.58m² |
| **연면적** | 125.96m² |

땅의 조건
가변성
채광
타인과의 관계
차경
동선
손님
프라이버시
수납
특수한 방
다세대
임대

053

옆집을 피해 결국 바다를 보다

해변의 단구를 따라 좁은 골목길을 올라가다 뒤돌아보면 탁 트인 바다가 보인다. 그런 어촌의 풍경을 실내로 끌어들이고 싶었다. 현관 상부에서 2층으로 이어져 있는 경사(船底) 천장은 부지 가장 안쪽에 있는 거실에서는 평상이 되었다가, 다시 갑판 모양의 외부로 이어진다. 그 뱃머리가 바다로 시선을 이끄는 지붕이 되어 다양한 장소를 만들어낸다. 부지 조건을 파악해 시선을 유도함으로써 개방적이고 넓은 공간을 실현했다.

제반 조건
가족 구성: 부부 + 아이 2명 + 고양이
부지 조건: 부지 면적 112.24m²
　　　　　건폐율 60% 용적률 160%
　　　　　좁은 골목에 접한 좁고 긴 부지. 좁은 골목길을
　　　　　뒤돌아보면 바다가 보이지만, 옆집 때문에 바다로
　　　　　향하는 시야가 가렸다

건축주의 요구 사항
- 2층 LDK로 최대한 넓게
- 골목 끝의 바다 풍경을 즐기고 싶다

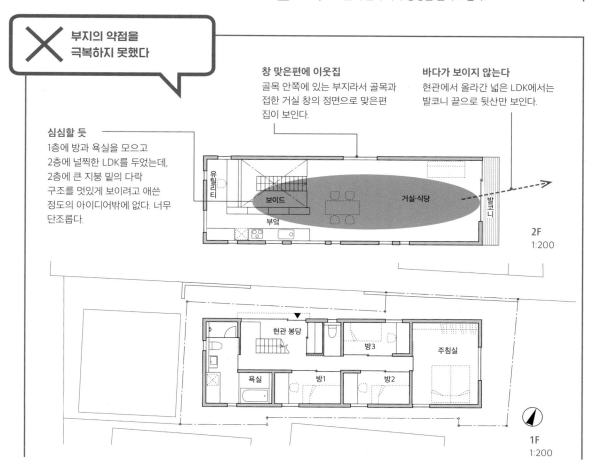

✕ 부지의 약점을 극복하지 못했다

창 맞은편에 이웃집
골목 안쪽에 있는 부지라서 골목과 접한 거실 창의 정면으로 맞은편 집이 보인다.

바다가 보이지 않는다
현관에서 올라간 넓은 LDK에서는 발코니 끝으로 뒷산만 보인다.

심심할 듯
1층에 방과 욕실을 모으고 2층에 널찍한 LDK를 두었는데, 2층에 큰 지붕 밑의 다락 구조를 멋있게 보이려고 애쓴 정도의 아이디어밖에 없다. 너무 단조롭다.

유틸리티 · 보이드 · 부엌 · 거실·식당 · 발코니

2F
1:200

욕실 · 방1 · 현관 봉당 · 방3 · 방2 · 주침실

1F
1:200

실내에서도 골목처럼 높이를 자유자재로

좌 2층 부엌에서 거실 쪽을 본 모습.
우 거실에서 뒤돌아본 모습. DK와 거실은 계단 브리지로 연결되며 거실에서 갑판 모양의 외부로 연결된다.

어울리는 높이로 만들다

현관과 2층을 하나로 연결된 넓은 공간으로 만들었지만 DK과 거실은 보이드를 사이에 두고 분리시켰다. 바닥 높이와 천장고도 각각의 장소에 어울리도록 배려했다. 좌식 생활을 하는 거실은 식당 바닥보다 80㎝ 정도 높게, 식당의 지붕을 겸하는 데크는 그보다 45㎝ 정도 더 높였다. 실내로 연장된 데크는 수납을 겸하는 벤치가 된다.

특징을 만들다

루프 데크는 평면에 삽입된 '장치'로서 건물 전체에 다이내믹한 특징을 만들어낸다.

갑판으로 이어지다

현관 상부에서 식당으로 이어지는 경사(船底) 천장은 부지 가장 안쪽에 있는 거실의 평상이 되고 다시 갑판처럼 생긴 외부로 이어진다. 그 뱃머리는 바다로 시선을 향하게 하는 지붕 겸 루프 데크가 되어 공간이 연속하며 다양한 장소를 만들어낸다.

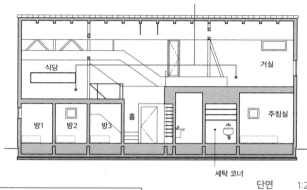

단면   1:200

아늑한 식당

큰 지붕의 전체가 보이지 않도록 식당의 천장을 최대한 낮춰 아늑한 분위기를 만들었다. 식탁의 가로로 긴 창을 통해 해변의 풍경을 볼 수 있다.

2F 1:200

골목 같은 동선

해변 길에서 단구를 향해 좁은 골목길을 오르고, 현관에서 2층 LDK로 올라와 현관 상부의 다리를 건너야 부지 가장 안쪽에 있는 거실에 도착한다. 해변 마을의 동선을 집 내부로 연결시킨 듯한 생활동선이다.

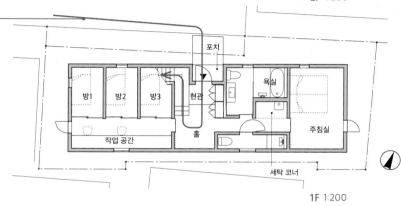

1F 1:200

부지 면적 112.24㎡
연면적 122.04㎡

땅의 조건
가변성
채광
타인과의 관계
차경
동선
손님
프라이버시
수납
특수한 방
다세대
임대

054

북쪽으로 개방된 땅의 특징을 최대한 살려

뉴욕의 로프트 같은 공간을 이미지화한 교외 주택. 부지는 이웃과의 단차가 큰 분양지의 한 구획. 건축주가 소장한 예술품을 전시할 벽과 천장을 최대한 높여 로프트 이미지를 구현하는 데 신경을 썼다.

또 바람대로, 「섹스 앤드 더 시티」 주인공 캐리의 WIC를 작게나마 실현시켰다. 5각형의 부지 모양과 단차를 살린 플랜도 특징이다.

제반 조건
가족 구성: 부부 + 아이 1명
부지 조건: 부지 면적 132.54m²
　　　　　건폐율 60% 용적률 160%
　　　　　깃대 모양의 부지로, 깃발 부분이 오각형. 부지
　　　　　내에 6m의 높이 차. 북쪽으로 내리막길이라
　　　　　북쪽의 경관이 좋다

건축주의 요구 사항
• 뉴욕의 로프트 같은 공간
• 공간감이 느껴지는 거실
• 작아도 좋으니 반드시 서재

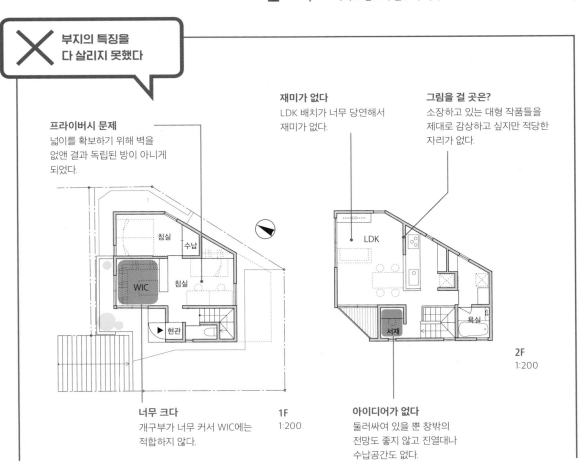

✕ 부지의 특징을 다 살리지 못했다

프라이버시 문제
넓이를 확보하기 위해 벽을 없앤 결과 독립된 방이 아니게 되었다.

재미가 없다
LDK 배치가 너무 당연해서 재미가 없다.

그림을 걸 곳은?
소장하고 있는 대형 작품들을 제대로 감상하고 싶지만 적당한 자리가 없다.

침실 / 수납 / WIC / 침실 / 현관

LDK / 서재 / 욕실

2F
1:200

너무 크다
개구부가 너무 커서 WIC에는 적합하지 않다.

1F
1:200

아이디어가 없다
둘러싸여 있을 뿐 창밖의 전망도 좋지 않고 진열대나 수납공간도 없다.

여러 장소에서 경관을 즐기는 아이디어

땅의 조건

가변성

채광

타인과의 관계

차경

동선

손님

프라이버시

수납

특수한방

다세대

임대

좌 폭은 좁지만 길이를 확보한 서재공간.
우 2층 LDK. 어느 쪽에 있어도 탁 트인 북쪽의 경관을 즐길 수 있다.

즐거운 고립
좁지만 책상과 장식장의 길이를 확보.
고립되어 있어도 전망을 즐길 수 있는 배치.

경치를 즐기다
2층 어디서든 북쪽의 전망을 즐길 수 있다.

서재

LDK

욕실

2F
1:200

그림을 즐기다
서재공간을 막는 큰 벽을 세우고 LDK 쪽으로 작품을 전시한다.

공간을 나누다
LDK는 원룸이지만 식당과 거실은 다른 장소로 의식된다. 식당은 발코니와 계단 보이드 사이에 있어 콤팩트하지만 넓게 느껴진다.

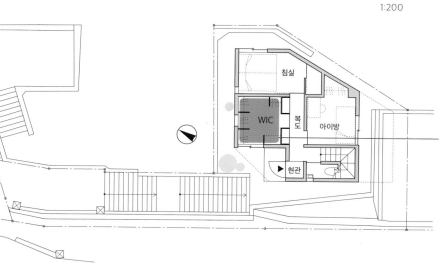

침실

WIC

복도

아이방

현관

1F
1:200

꿈을 이루다
희망을 이룬 WIC.
콤팩트하지만 매우 편리하다.

공간감 확대
한쪽으로만 경사진 지붕이라서 천장은 북쪽 개구부 쪽으로 높아지므로 개방감이 커진다.

LDK

세면·탈의실

WIC

복도

아이방

돌출
부지 단차를 극복하기 위해 2층의 일부를 돌출시켜 바닥 면적을 확보했다.

부지 면적 132.54m²
연면적 80.07m²

단면
1:200

055

중앙의 계단이 LDK의 관계를 융합하다

약간 높은 언덕 중턱의 완만한 경사지에 지어진 4인 가족을 위한 주택. 포치·현관에서 몇 계단 올라가면 1층에 방과 욕실이 있다. 계단을 건물의 중심에 배치해 회유 나선형 동선이 다양한 장면을 연출한다.

　2층에는 남쪽 도로의 인기척이 느껴지면서도 프라이빗한 느낌이 드는 거실, 북서쪽의 녹지 먼 곳까지 시야가 트여 있는 식당, 약간의 독립성을 부여한 부엌 등. 적당한 거리감을 유지해 독특한 공간을 만들었다.

제반 조건
가족 구성: 부부 + 아이 2명
부지 조건: 부지 면적 47.99m²
　　　　　건폐율 40% 용적률 80%
　　　　　한적한 주택가에 있는 정형지. 북쪽에 생산
　　　　　녹지가 있어 북서쪽으로 전망이 좋다. 동쪽으로
　　　　　이웃집이 가까이 있다

건축주의 요구 사항
・ 아이방을 2개로

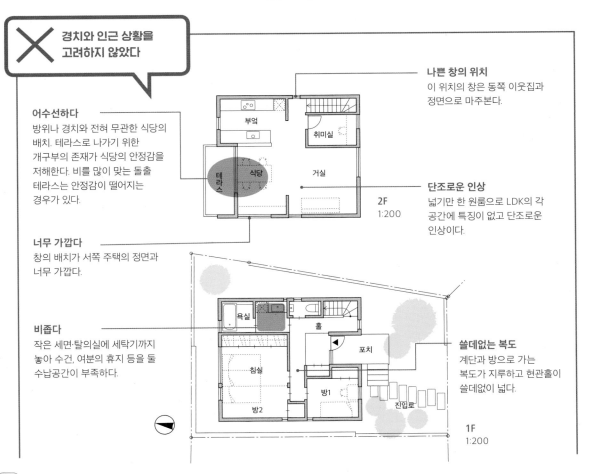

✕ 경치와 인근 상황을 고려하지 않았다

어수선하다
방위나 경치와 전혀 무관한 식당의 배치. 테라스로 나가기 위한 개구부의 존재가 식당의 안정감을 저해한다. 비를 많이 맞는 돌출 테라스는 안정감이 떨어지는 경우가 있다.

너무 가깝다
창의 배치가 서쪽 주택의 정면과 너무 가깝다.

비좁다
작은 세면·탈의실에 세탁기까지 놓아 수건, 여분의 휴지 등을 둘 수납공간이 부족하다.

나쁜 창의 위치
이 위치의 창은 동쪽 이웃집과 정면으로 마주본다.

단조로운 인상
넓기만 한 원룸으로 LDK의 각 공간에 특징이 없고 단조로운 인상이다.

쓸데없는 복도
계단과 방으로 가는 복도가 지루하고 현관홀이 쓸데없이 넓다.

부엌 · 취미실 · 거실 · 테라스 · 식당

2F
1:200

욕실 · 홀 · 포치 · 침실 · 방1 · 방2 · 진입로

1F
1:200

바깥의 상황에 대처하는 기분 좋은 공간 배치

식당 공간. 테라스와 접해 있는 창과 함께 넓은 개구부를 설치해 먼 곳의 경치까지 즐길 수 있다.

땅의 조건

가변성

채광

타인과의 관계

차경

동선

손님

프라이버시

수납

특수한 방

다세대

임대

벽으로 감추다
가림벽을 설치해 냉장고와 부엌 가전 등이 식당 쪽에서는 잘 보이지 않도록 만들었다. 부엌 쪽은 편리하고 식당 쪽은 아늑한 공간이 된다.

경치를 즐기다
북서쪽의 개방적인 경치를 볼 수 있는 식당. 양쪽 코너에 허리창을 설치해 마음이 편안해지는 장소가 되었다.

완충 공간
테라스 덕분에 식당으로 들어오는 햇볕이 완화되고 서쪽 이웃집과의 거리도 확보되었다.

창의 위치를 고르다
옆집과 정면으로 마주보지 않는 작은 창을 설치해 통풍을 돕고 답답함을 줄인다.

계단으로 나누다
중앙의 계단을 사이에 두고 거실, 식당, 부엌을 배치. 원룸 공간이지만 계단으로 나뉘어 적당한 거리감을 유지한다. 계단에 허리벽을 설치하고 1층으로 내려가는 입구를 부엌과 가까운 위치에 만들어 거실과 식당에 안정감을 준다.

안정감
거실에는 벽면을 등지고 앉는 자리를 만들어 차분하고 안정된 느낌을 준다. 테라스 너머로 북쪽의 녹지를 감상할 수 있다.

부엌

취미실

식당

거실

테라스

2F
1:150

생활의 리듬
중앙에 회유계단을 설치하고 나선형으로 플랜을 전개해 생활에 리듬을 더했다.

바깥 풍경
북쪽 녹지를 볼 수 있는 욕실과 세면·탈의실과 홀. 세탁기를 세면·탈의실 밖으로 내보내 세면·탈의실이 깔끔해졌다.

나눌 수 있는
주침실로 큼지막하게 만들었지만 나중에 방의 용도를 바꿀 수 있도록 2개의 방으로 나눌 칸막이 장치가 있다. 칸을 막아도 양쪽 방에서 북쪽의 녹지를 볼 수 있다.

욕실

세탁기

현관

수납

침실

홀

포치

진입로

방2

방1

1F
1:150

바깥을 엿볼 수 있다
복도에 허리창이 있기 때문에 걸으면서 포치 너머로 도로 쪽의 모습을 볼 수 있다. 머물기 위한 방들과는 달리 그 방들을 연결하는 복도(이동을 위한 공간)에 신선한 인상을 준다.

여유 있는 포치
작은 주택에도 비를 맞지 않는 포치와 처마 밑을 만들면 여유가 느껴진다. 현관문은 출입에 방해가 되지 않는 미닫이문으로 달았다.

부지 면적 47.99m²
연면적 91.32m²

056

과수원을 바라보는 패시브 하우스

배 농사를 짓는 가족의 집. 주택가 안의 과수원과 연결되는 부지로, 집에서 과실수가 보인다. 농사와 먹거리, 일과 주거가 하나된 생활을 즐길 수 있고, 집 안 어디서나 가족의 인기척을 느낄 수 있는 평면을 만들어달라는 요청을 받았다.

흙 묻은 발로도 오를 수 있는 봉당 등 실생활에 맞는 제안과 함께 주변의 자연환경을 활용해 통풍을 가능케 한 패시브한 집을 만든 것도 특징 중 하나다.

제반 조건
가족 구성: 부부 + 아이 3명
부지 조건: 부지 면적 295.60m²
　　　　　 건폐율 60% 용적률 160%
　　　　　 도시화가 진행되는 교외 주택지. 가까이 소유한
　　　　　 배 과수원이 있는 평탄지

건축주의 요구 사항
- 부엌에서 가족의 인기척을 느끼고 싶다
- 농사일을 하다 흙 묻은 발로 쉴 수 있는 봉당
- 거실을 지나지 않고 세면·욕실로 갈 수 있는 동선
- 세미 오픈된 다다미방

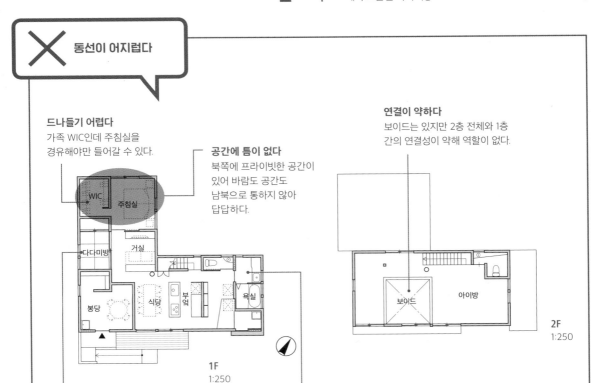

✕ 동선이 어지럽다

드나들기 어렵다
가족 WIC인데 주침실을 경유해야만 들어갈 수 있다.

공간에 틈이 없다
북쪽에 프라이빗한 공간이 있어 바람도 공간도 남북으로 통하지 않아 답답하다.

연결이 약하다
보이드는 있지만 2층 전체와 1층 간의 연결성이 약해 역할이 없다.

폐쇄적인 다다미방
다목적 공간을 추구하는데 공간의 연결성이 약해 활용하기 어려운 장소가 되었다.

홀로 떨어져
침실과 가족 WIC에서 세면·욕실이 멀다. 가사동선이나 평상시 옷 갈아입기, 외출 준비가 불편하다.

1F
1:250

2F
1:250

농사일과 함께 다양한 일상 즐기기

좌 건물 남동쪽 외관.
우 현관에서. 농가풍의 넓은 봉당이 있고 식당, 거실, 다다미방까지 넓게 전개된다.

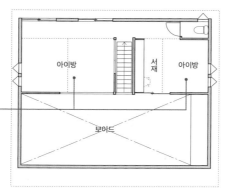

2F
1:200

성장에 따라
2층의 아이방은 성장에 따라 칸막이 방식을 바꾼다. 보이드를 통해 1층과 항상 연결되는 장소.

아늑한 주침실
남쪽 진입로에서 가장 안쪽에 위치하는 사생활을 중시한 주침실. WIC와 욕실이 가까워 몸치장을 하기에 편하다.

통로를 겸하는 WIC
가족 모두의 옷을 수납할 수 있는 곳. 주침실로 가는 통로를 겸하는 스타일로 공간을 낭비 없이 활용.

가사실을 겸하다
수건과 속옷 등의 수납 선반을 넉넉히 설치한 세면실. 세면 카운터 옆에 다림질 대를 구비해 가사실로도 쓴다.

산들바람이 지나가다
북쪽 창과 접해 있는 천장 높이를 억제한 거실은 차분한 느낌의 공간. 가까이 있는 식당의 남쪽 창을 통해 기분 좋은 바람이 지나간다.

여러 가지 쓸모
다다미방은 장지를 열면 거실과 연결된 아이의 놀이터로. 계절에 따라 장식하거나 장지를 닫아 응접실로 쓰는 등 다목적으로 사용.

농가의 봉당
밭일 중간에 잠시 차를 마시거나 식사 할 수 있는 넓은 봉당. 밭농사 작업장 등 옛 농가의 봉당과 같은 역할도 한다.

1F
1:200

부지 면적 295.60m²
연면적 130.41m²

배나무 정원
남쪽 정원이 보이는 장소에 가족들이 모이는 식당을 배치. 큰 지붕 아래의 큰 식탁에서 정원을 바라보며 즐겁고 단란한 시간을 보낸다.

절묘한 위치에 세탁기
부엌 뒷문에 큰 차양을 달고 야외용 싱크대와 세탁기를 놓았다. 밭일이나 야외 활동으로 더러워진 옷을 집 안까지 입고 들어오지 않아도 된다.

땅의 조건

가변성

채광

타인과의 관계

차경

동선

손님

프라이버시

수납

특수한 방

다세대

임대

057

마당에서
먼 풍경까지
전망을
즐기다

경치를 즐기며 평온하게 살 수 있는 개방감과 안정감을 겸비한 집. 멀리 보이는 언덕의 나무들과 중간 거리에 있는 대나무·참나무 숲이 보이도록 창을 배치하여 아늑한 공간을 만들었다. 또한 가까이에는 식물을 재배해 인근의 나무들과 연결해 원근감을 만들었다.

모퉁이 땅이라서 외관에 앞뒤가 없다. 내부에서 거실과 식당, 부엌과 창가 등의 공간이 대각선으로 연결되고 그 대각선 관계가 외부(경치)로도 이어진다.

제반 조건

가족 구성: 부부 + 아이 1명
부지 조건: 부지 면적 125.64m²
　　　　　 건폐율 50% 용적률 100%
　　　　　 도로 사이의 고저 차 2m 이상. 옹벽을 겸한 기존의
　　　　　 차고가 있다. 언덕의 중턱이라 전망은 좋지만
　　　　　 주위의 주택과 아파트가 근접해 있다

건축주의 요구 사항

· 동남방향의 전망을 즐기고 싶다
· 식당의 창은 작아도 된다
· 가족의 인기척이 전해지도록

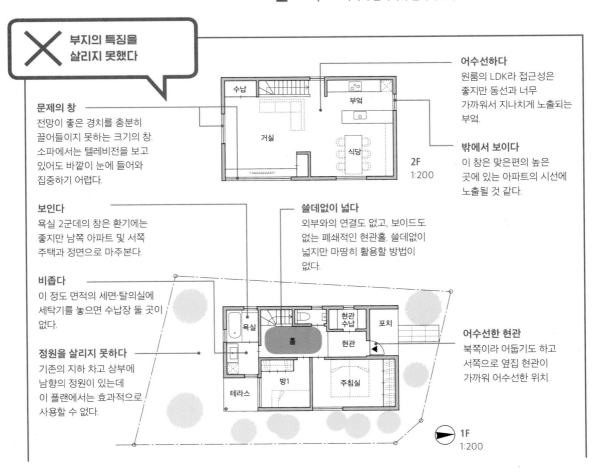

✕ 부지의 특징을 살리지 못했다

문제의 창
전망이 좋은 경치를 충분히 끌어들이지 못하는 크기의 창. 소파에서는 텔레비전을 보고 있어도 바깥이 눈에 들어와 집중하기 어렵다.

어수선하다
원룸의 LDK라 접근성은 좋지만 동선과 너무 가까워서 지나치게 노출되는 부엌.

밖에서 보이다
이 창은 맞은편의 높은 곳에 있는 아파트의 시선에 노출될 것 같다.

보인다
욕실 2군데의 창은 환기에는 좋지만 남쪽 아파트 및 서쪽 주택과 정면으로 마주본다.

쓸데없이 넓다
외부와의 연결도 없고, 보이드도 없는 폐쇄적인 현관홀. 쓸데없이 넓지만 마땅히 활용할 방법이 없다.

비좁다
이 정도 면적의 세면·탈의실에 세탁기를 놓으면 수납장 둘 곳이 없다.

정원을 살리지 못하다
기존의 지하 차고 상부에 남향의 정원이 있는데 이 플랜에서는 효과적으로 사용할 수 없다.

어수선한 현관
북쪽이라 어둡기도 하고 서쪽으로 옆집 현관이 가까워 어수선한 위치.

수납 / 부엌 / 거실 / 식당
2F 1:200

욕실 / 홀 / 현관수납 / 현관 / 포치 / 방1 / 주침실 / 테라스
1F 1:200

높이 차를 이용해
이웃을 배려하면서도 쾌적

2층 부엌에서 본 모습. 왼쪽이
식당, 오른쪽 안쪽이 거실.
멀리까지 시야가 트이는
위치에 창을 설치해 공간감을
만들어냈다.

깨끗하게
접근성이 좋은 집의 중앙 부근에 큰
수납공간을 만들어 정리할 물건을
이곳에 모았다. 거실에 수납공간이
없어도 되므로 작업공간과 카운터를
만들 수 있었다.

가구로 안정감
거실을 에워싸듯 카운터 수납장을
만들어 차분하고 편안한 공간이
되었다.

텔레비전도 경치도
L자 소파에서는 코너
부분의 창을 통해 먼 곳의
경치를 즐기고, 경치와 다른
방향으로는 텔레비전을 즐길 수
있다. 바깥의 풍경과 텔레비전이
서로 간섭하지 않는 위치 관계.

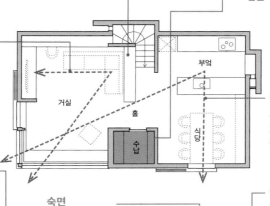

2F
1:150

멀게도 가깝게도
부엌에서는 홀 너머로 거실이
보인다. 식당 맞은편 창을 통해서는
중경과 원경을 즐길 수 있다.

밝은 욕실
주침실을 북쪽에 두고 욕실을
남쪽으로. 밝고 환기도 잘 된다.
세면·탈의실은 정원으로 가는
출입구 역할도 겸하고 있어
정원이 먼 2층 LDK에서도 쉽게
나갈 수 있다.

숙면
개구부의 면적을 줄이고 진입로
안쪽에 방을 배치함으로써 동쪽
도로와 거리가 생겼다. 침실이
'잠자는 장소로서 기능에 충실할
수 있도록.

안전하게 통풍
꺾여 있는 벽 안쪽에 슬릿형
창을 설치해 바람과 간접광을
받아들인다. 슬릿 형태라 사람이
다닐 수 없기 때문에 방범에 좋고
외출 시에도 열어두어 통풍이
가능하다.

1F
1:150

낭비 없이 넓게
현관과 홀을 집의 중심에 배치해
쓸데없는 이동 공간을 만들지
않았다. 현관에서는 포치를 통해
경치를 즐길 수 있다.

차분한 분위기
비에 젖지 않는 진입로를 몇 미터
걸어 현관에 도착. 도로에서 거리를
두어 현관·포치가 차분한 장소가
되었다.

부지 면적 125.64m²
연면적 98.20m²

땅의 조건
가변성
채광
타인과의 관계
차경
동선
손님
프라이버시
수납
특수한 방
다세대
임대

058

고지대의 장점을 누리는 2층 LDK

2층에 LDK가 있는 고지대 주택. 인근의 시선을 신경 쓰지 않아도 되므로 개방적이라 2층에서 고베의 산들과 바다까지 볼 수 있다. 2층 거실은 부엌·식당에서 조금 돌출되도록 배치해 사방에서 빛을 받아들일 수 있는 쾌적한 공간. 중정 덕분에 1층에서도 밝은 햇볕이 건물의 중앙 부근까지 닿는다.

　부지를 잘 파악해 그 잠재력을 최대한 살린, 녹음과 빛으로 넘치는 집이다.

제반 조건

가족 구성: 부부 + 아이 2명
부지 조건: 부지 면적 267.45m²
　　　　　 건폐율 40% 용적률 80%
　　　　　 파 놓은 기존 차고가 있는 고지대의 조성지.
　　　　　 도로와의 고저 차가 약 5m인 동서로 긴 부지.

건축주의 요구 사항

· 살기 좋고 편리하게
· 전망을 활용하고 계절의 변화를 느끼도록
· 손님을 편히 맞이하는 집

✕ 고지대라는 입지를 충분히 살리지 못했다

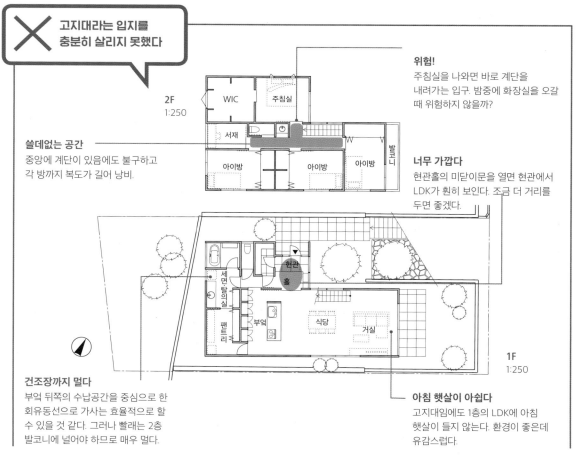

위험!
주침실을 나오면 바로 계단을 내려가는 입구. 밤중에 화장실을 오갈 때 위험하지 않을까?

쓸데없는 공간
중앙에 계단이 있음에도 불구하고 각 방까지 복도가 길어 낭비.

너무 가깝다
현관홀의 미닫이문을 열면 현관에서 LDK가 훤히 보인다. 조금 더 거리를 두면 좋겠다.

건조장까지 멀다
부엌 뒤쪽의 수납공간을 중심으로 한 회유동선으로 가사는 효율적으로 할 수 있을 것 같다. 그러나 빨래는 2층 발코니에 널어야 하므로 매우 멀다.

아침 햇살이 아쉽다
고지대임에도 1층의 LDK에 아침 햇살이 들지 않는다. 환경이 좋은데 유감스럽다.

2F 1:250 / WIC / 주침실 / 서재 / 아이방 / 아이방 / 아이방 / 발코니

세면탈의실 / 팬트리 / 부엌 / 식당 / 거실 / 현관홀

1F 1:250

2층으로 LDK를 올려 일상을 풍요롭게

2층 거실. 사방에 창이 있어 공중에 떠 있는 듯 느껴지는 공간이다. 밝은 햇살과 고지대의 경치가 일상의 피로를 풀어준다.

땅의 조건

가변성

채광

타인과의 관계

차경

동선

손님

프라이버시

수납

특수한 방

다세대

임대

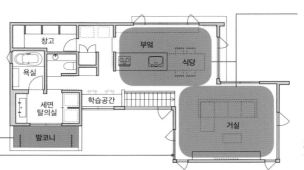

바로 건조
세탁기가 있는 세면·탈의실 바깥에 건조 발코니를 배치. 세탁한 후 바로 말릴 수 있는 편리한 동선.

빛도 녹음도
남쪽 벽의 양옆 창까지 사방에 창이 있다. 충분한 밝기와 함께 경치도 정원의 녹음도 마음껏 즐길 수 있다.

어디든 밝게
LDK를 2층에 만든 데다 단순한 원룸이 아니라 거실과 식당을 지그재그로 배치했기 때문에 어디든 아침부터 빛이 들어온다.

2F
1:200

1층도 밝게
건물을 ㄷ자로 만들고 어두워지기 쉬운 건물 중앙 부근에 중정을 통해 빛이 들어오도록. 현관홀은 계단 상부의 창에서도 빛이 들어와 특히 더 밝은 장소가 되었다.

1F
1:200

BF
1:200

부지 면적 267.45m²
연면적 181.52m²

059

곳곳에서 바다를 바라보다

동쪽으로는 중학교, 남동쪽으로는 바다와 소나무 숲이 보이고 세 방향의 도로에는 인적이 드문 천혜의 부지. 준방화지역이지만 전체 개방 새시를 채택하는 등 개방적인 계획을 실현했다.

프라이버시를 확보하기 위해 거실과 바닥을 한 단 높였다. 액자처럼 잘린 창을 통해서도 부엌과 식당의 전면 개방된 창을 통해서도 바다를 감상할 수 있다. 2층의 아이방도 작지만 개방적이고 밝다.

제반 조건
가족 구성: 부부 + 아이 1명
부지 조건: 부지 면적 132.25m²
　　　　　건폐율 70% 용적률 180%
　　　　　바다가 보이는 고지대의 정형지. 세 방향에서
　　　　　도로와 접한다. 남쪽으로 내리막인 도로라서 고저
　　　　　차가 있다

건축주의 요구 사항
- 개방감 있는 보이드
- 바다를 감상할 수 있는 집
- 제2의 거실 역할을 하는 데크

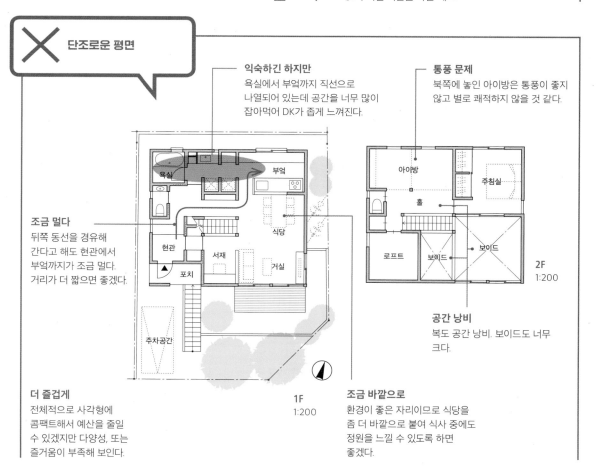

✕ 단조로운 평면

익숙하긴 하지만
욕실에서 부엌까지 직선으로 나열되어 있는데 공간을 너무 많이 잡아먹어 DK가 좁게 느껴진다.

통풍 문제
북쪽에 놓인 아이방은 통풍이 좋지 않고 별로 쾌적하지 않을 것 같다.

조금 멀다
뒤쪽 동선을 경유해 간다고 해도 현관에서 부엌까지가 조금 멀다. 거리가 더 짧으면 좋겠다.

욕실　부엌

식당

현관　서재　거실

포치

추차공간

1F
1:200

아이방　주침실

홀

로프트　보이드　보이드

2F
1:200

공간 낭비
복도 공간 낭비. 보이드도 너무 크다.

더 즐겁게
전체적으로 사각형에 콤팩트해서 예산을 줄일 수 있겠지만 다양성, 또는 즐거움이 부족해 보인다.

조금 바깥으로
환경이 좋은 자리이므로 식당을 좀 더 바깥으로 붙여 식사 중에도 정원을 느낄 수 있도록 하면 좋겠다.

공간에 리듬감을 부여해
각기 다른 풍경을

바닥을 한 단 높인
다다미방에서 본 모습. 액자에
담긴 듯한 바다를 볼 수 있다.
오른쪽에 보이는 것이 식당과
연결된 데크.

땅의 조건

가변성

채광

타인과의 관계

차경

동선

손님

프라이버시

수납

특수한 방

다세대

임대

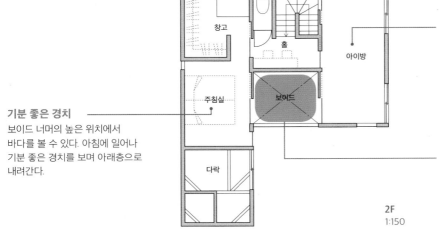

기분 좋은 경치
보이드 너머의 높은 위치에서
바다를 볼 수 있다. 아침에 일어나
기분 좋은 경치를 보며 아래층으로
내려간다.

칸을 막아도 밝다
아이방은 어릴 때는 널찍한
하나의 공간으로. 나중에
분할하더라도 각각 동쪽
방향으로 큰 창이 있는 밝은
방이 된다.

보이드로 연결
보이드는 2층과 1층을 연결할
뿐 아니라 아이방과 침실도
이어준다.

창고
홀
아이방
주침실
보이드
다락

2F
1:150

바람이 술술
북쪽에도 개구부를 최대한 설치해
남북 방향으로 바람이 흐를 수
있도록 배려.

차분한 분위기
개방적인 LDK 안에서도
호젓하고 차분한 공간을
만들었다. 바닥을 한 단 높인
다다미 공간은 앉아서도
누워서도 쉴 수 있다.

욕실
다다미방
부엌
식당
거실
데크
현관
포치
주차공간

지름길
팬트리를 지나갈 수 있도록 만들어
현관에서의 루트를 단축. 얼마 안
되는 거리지만 팬트리에 보관하는
물건도 많기 때문에 쇼핑 후 아주
편리하다.

다른 관점
식당 쪽과는 다른 관점으로
바다를 즐길 수 있는 거실. 창은
경치를 보기 위한 커다란 유리
FIX 창과 통풍을 위한 하부의
작은 창으로 나뉘어 있다.

바다를 보며
식당은 데크와 한 공간으로
이어지는 장소에 배치. 평소에
바다를 감상하며 식사할 수
있다. 날씨가 좋은 날에는
데크로 나가 식사할 수도 있다.

1F
1:150

부지 면적 132.25m²
연면적 95.02m²

060

인접지의
녹음으로
사계절을 느끼는
내외 일체형

인접지가 녹지인 점이 마음에 들어 구입한 땅. 거실에서 녹음을 바라보며 생활할 수 있는 집을 원했다. 자연과 하나가 되는 공간을 콘셉트로 기본 계획을 시작했다.

거실과 이어지는 큰 데크 발코니는 아이가 세발자전거를 탈 수 있을 정도로 넓다. 거실 상부가 보이드라서 언제나 햇빛이 위에서 쏟아진다. 거실을 중심으로 한 평면으로, 처음부터 플랜이 거의 정리되어 있었다.

제반 조건
가족 구성: 부부 + 아이 3명
부지 조건: 부지 면적 82.76m²
　　　　　건폐율 50%　용적률 100%
　　　　　한적한 주택가의 동서로 좁고 긴 부지. 동쪽으로 생산녹지 지역이다

건축주의 요구 사항
· 빛이 잘 들고 가족이 모이는 거실
· 인접지의 생산녹지를 즐기고 싶다
· 큰 발코니, 수납공간을 넉넉하게

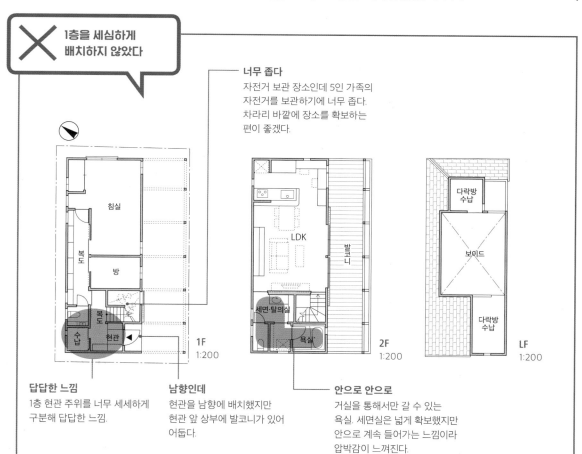

✕ 1층을 세심하게 배치하지 않았다

너무 좁다
자전거 보관 장소인데 5인 가족의 자전거를 보관하기에 너무 좁다. 차라리 바깥에 장소를 확보하는 편이 좋겠다.

침실
복도
방
복도
수납
현관

1F
1:200

LDK
발코니
세면·탈의실
욕실

2F
1:200

다락방 수납
보이드
다락방 수납

LF
1:200

답답한 느낌
1층 현관 주위를 너무 세세하게 구분해 답답한 느낌.

남향인데
현관을 남향에 배치했지만 현관 앞 상부에 발코니가 있어 어둡다.

안으로 안으로
거실을 통해서만 갈 수 있는 욕실. 세면실은 넓게 확보했지만 안으로 계속 들어가는 느낌이라 압박감이 느껴진다.

채우기보다 비우기, 자유롭게 생활 방식을 택하

땅의 조건

가변성

채광

타인과의 관계

차경

동선

손님

프라이버시

수납

특수한 방

다세대

임대

좌 1층 복도. 넓게 확보한 복도를 WIC로.
우 2층 LDK. 넓은 발코니와 실내가 하나의 공간이 된다.

2층 LDK의 장점
2층 LDK는 상부에 바닥면이 없으므로 지붕의 모양을 최대한 살려 보이드 공간을 만들 수 있다. 넓은 발코니와 상부의 공간감이 합쳐져 2층 전체가 기분 좋게 열린 느낌이다.

일단 편리하게
욕실 편리성과 동선을 중시해 콤팩트하게 배치. 5인 가족임을 배려해 탈의실을 넓게 만들고 수납공간이 충실하도록 신경 썼다.

녹음을 볼 수 있는 창
코너도 창으로 만들어 부엌과 학습공간에서도 바깥의 녹음을 볼 수 있다.

정원 느낌의 발코니
LDK에서 평평하게 이어지는 큰 발코니는 창을 전면 오픈할 수 있어 정원처럼 사용하는 외부 공간. 실내와 하나의 공간처럼 사용하며 개방감도 뛰어나다.

부엌 / 학습공간 / 거실·식당 / 발코니 / 세면실 / 탈의실 / 욕실

2F
1:150

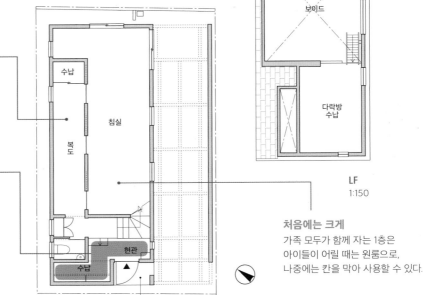

넓은 복도
1층 복도는 조금 넓게 만들고 선반을 설치해 오픈된 가족 수납공간으로 활용.

넓은 현관
봉당과 연결되는 오픈 SIC는 현관을 넓어 보이게 한다. 구두뿐만 아니라 주변의 잡다한 물건도 수납할 수 있다.

수납 / 침실 / 복도 / 현관 / 수납 / 포치

다락방 수납 / 보이드 / 다락방 수납

LF
1:150

처음에는 크게
가족 모두가 함께 자는 1층은 아이들이 어릴 때는 원룸으로, 나중에는 칸을 막아 사용할 수 있다.

1F
1:150

부지 면적 82.76m²
연면적 81.17m²

061
자주 가고 싶은 별장으로, 평범한 배치와는 반대로

바다를 내려다보는 산비탈에 달라붙은 듯 지어진 단층집을 별장으로 리폼. 서, 남, 북의 세 방향은 산에 절반쯤 묻힌 듯 서 있지만 동쪽 방향만은 드넓은 바다로 향해 있어 전망이 멋지다. 일반적으로 바다를 향해 거실·식당을, 절벽 쪽에 침실과 욕실을 배치하겠지만, 침실과 욕실을 바다 쪽 앞면에 배치하고 거실은 절벽 쪽에 하얀 동굴 느낌으로 마감하는 역발상을 구현했다. 다시 오고 싶어지는 장치를 고민한 결과이다.

제반 조건
가족 구성: 부부 + 아이 1명
부지 조건: 부지 면적 164.00m²
　　　　　건폐율 60% 용적률 150%
　　　　　산 정상에 위치하며 한쪽은 절벽, 반대쪽에는
　　　　　바다가 펼쳐지는 환경. 산속이라 벌레가 많다

건축주의 요구 사항
• 옥상에 바비큐 가든
• 발밑의 바다를 독차지하는 기분
• 언제든 오고 싶어지도록

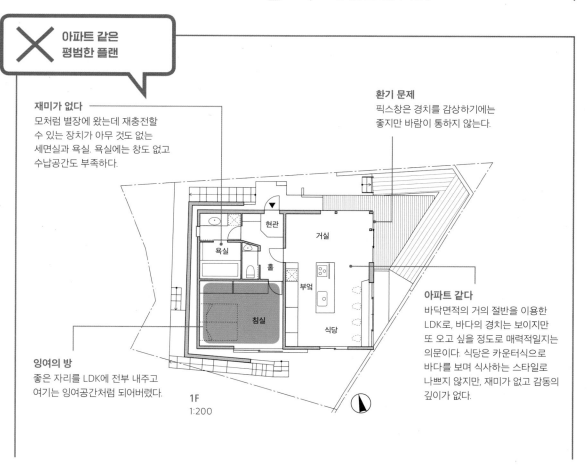

✕ 아파트 같은 평범한 플랜

재미가 없다
모처럼 별장에 왔는데 재충전할 수 있는 장치가 아무 것도 없는 세면실과 욕실. 욕실에는 창도 없고 수납공간도 부족하다.

환기 문제
픽스창은 경치를 감상하기에는 좋지만 바람이 통하지 않는다.

아파트 같다
바닥면적의 거의 절반을 이용한 LDK로, 바다의 경치는 보이지만 또 오고 싶을 정도로 매력적일지는 의문이다. 식당은 카운터식으로 바다를 보며 식사하는 스타일로 나쁘지 않지만, 재미가 없고 감동의 깊이가 없다.

잉여의 방
좋은 자리를 LDK에 전부 내주고 여기는 잉여공간처럼 되어버렸다.

현관 / 거실 / 욕실 / 홀 / 부엌 / 식당 / 침실

1F
1:200

바다를 일부 가려
바다를 강조하다

좌 동굴 같은 거실
우 절경을 즐길 수 있는 침실. 기분이나 바람의 세기에 따라 창을 여는 방법을 바꿀 수 있다.

동선상의 부엌
보통 식사 때는 거실 쪽으로, 데크에서 바비큐를 할 때는 수납공간 쪽으로, 상황에 따라 서비스 방향을 바꿀 수 있다.

봉당 수납공간
물놀이 도구, 등산 도구, 바비큐 관련 물건 등을 넣어두는 창고를 신을 벗지 않고 사용하는 현관 봉당과 한 공간에 배치. 현관에서 부엌으로 가는 뒷동선 역할도 한다.

수납 아이디어
단순히 장소만 확보한 것이 아니라 우산 꽂이와 청소기 수납공간 등 구체적으로 정리하도록 계획된 수납공간.

바다와 함께하는 시간
바닥을 35cm 높인 다다미 공간은 앉기에도 눕기에도 적당한 높이. 바다로 향해 있는 창은 픽스창이 아니라 여러 부분에서 열리므로 바다에서 바람이 기분 좋게 들어온다.

창고

현관

침실

부엌

벽장

홀

샤워실

욕실

세탁실

거실

1F
1:150

바다와 정반대 방향에
바다 쪽의 개방감과는 정반대되는 이미지로 만들어진 하얀 동굴 같은 공간. 폐쇄적인 벽이 안정감을 준다.

한복판의 벽장
벽장은 사람의 출입이 적고 습기 때문에 금세 이불에 곰팡이가 생긴다. 그래서 벽장을 집의 한가운데에 배치해 습기를 차단했다.

가려진 순간
욕실을 L자형으로 만들고 세면·탈의실을 그 앞에 배치. 세면실에서는 바다가 보이지 않기에 욕조에 들어가는 순간 바다 풍경을 극적으로 만끽할 수 있다.

부지 면적 164.00m²
연면적 66.24m²

땅의 조건
가변성
채광
타인과의 관계
차경
동선
손님
프라이버시
수납
특수한 방
다세대
임대

062

1층과 2층
모두
회유동선

한적한 주택가에 부부와 아이 2명, 4인 가족이 사는 집. 메인 공간은 1층 LDK. 계단 주변에 부엌과 다다미 코너, 거실을 배치하여 회유성을 높인 커다란 원룸 형태. LDK의 남동쪽과 남서쪽에 창을 설치해 하루 종일 1층에 빛이 들어온다.

2층도 1층과 마찬가지로 계단을 중심에 두고 욕실과 WIC를 배치해 가사동선을 배려했다. 아이들의 공간은 오픈 스페이스이지만 향후 2개의 방으로 나눌 수 있다.

제반 조건

가족 구성: 부부 + 아이 2명
부지 조건: 부지 면적 92.70m²
　　　　　건폐율 60% 용적률 150%
　　　　　한적한 주택가에 있는 정면 폭 8m 정도의 부지

건축주의 요구 사항

- 살기 편한 평범한 집(건축가의 기발함 사절!)
- 어린아이를 키우기 쉬운 집
- 폐쇄적이지 않은 느낌

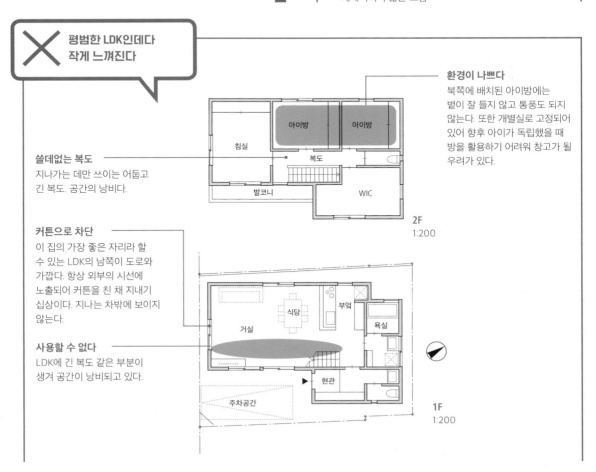

✕ 평범한 LDK인데다 작게 느껴진다

환경이 나쁘다
북쪽에 배치된 아이방에는 볕이 잘 들지 않고 통풍도 되지 않는다. 또한 개별실로 고정되어 있어 향후 아이가 독립했을 때 방을 활용하기 어려워 창고가 될 우려가 있다.

쓸데없는 복도
지나가는 데만 쓰이는 어둡고 긴 복도. 공간의 낭비다.

커튼으로 차단
이 집의 가장 좋은 자리라 할 수 있는 LDK의 남쪽이 도로와 가깝다. 항상 외부의 시선에 노출되어 커튼을 친 채 지내기 십상이다. 지나는 차밖에 보이지 않는다.

사용할 수 없다
LDK에 긴 복도 같은 부분이 생겨 공간이 낭비되고 있다.

침실 / 아이방 / 아이방 / 복도 / 발코니 / WIC

2F
1:200

식당 / 부엌 / 거실 / 욕실 / 현관 / 주차공간

1F
1:200

회유계단을 중심으로
집 전체를 자유롭게

1층 LDK. 중앙의 계단을 도는
회유동선. 계단은 벽으로 막혀
있지 않아 시야가 트여 있다.

땅의 조건

가변성

채광

타인과의 관계

차경

동선

손님

프라이버시

수납

특수한 방

다세대

임대

2층 아이방. 아이가 어릴 때는
널찍한 원룸으로 쓴다.

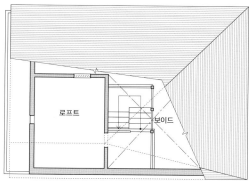

로프트

보이드

LF
1:150

양방향으로 드나들다
침실 옆의 WIC는 세면·탈의실
쪽에서도 들어갈 수 있다. 이
WIC는 발코니와도 연결되어
있어 세탁 → 발코니에서 건조
→ WIC에 보관하는 세탁 동선을
원활하게 해준다.

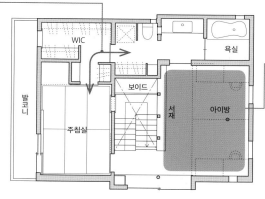

WIC

욕실

발코니

보이드

주침실

서재

아이방

2F
1:150

처음에는 넓게
아이방은 서재와도 하나로
연결되는 넓고 밝은 공간으로
확보. 나중에 2개의 방으로
나눌 수 있다.

동서의 창
LDK의 동쪽과 서쪽에 창을
설치해 하루 종일 LDK에 빛을
받을 수 있고 바람도 흐른다.
또한 거실의 개구부를 인근
경계선과 비스듬하게 만들어
정원이 생김으로써 거실에 보다
많은 빛과 바람이 지나도록
했다.

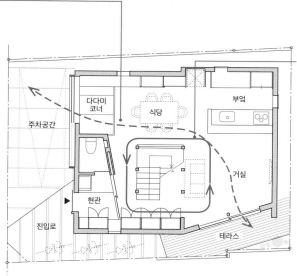

다다미
코너

식당

부엌

주차공간

거실

현관

진입로

테라스

1F
1:150

돌고도는 원룸
1층은 계단을 중심으로 부엌,
거실 등을 배치해 회유성 있는
큰 원룸으로 만들었다.

부지 면적 92.70m²
연면적 109.73m²

131

063
좌식
거실·식당에서
안락하게

도심 근교에 흔한 정면 폭이 좁은 직사각형의 협소 부지. 여기에 3인 가족의 보금자리를 지어야 했다.

부지 특성 때문에 좁고 긴 평면이 되면 아래위층으로 떨어진 방들의 연결성이 약해지기 쉽다. 여기서는 2층 중앙의 선룸 일부를 스노코 형태로 만들어 1층 LDK와 연결함으로써 아래위층이 이어지도록 했다. 1층 LD는 다다미를 깔아 담장으로 둘러싸인 사계절 정원을 보면서 편안히 쉴 수 있는 이 집의 중심이다.

제반 조건
가족 구성: 부부 + 아이 1명
부지 조건: 부지 면적 92.09m²
　　　　　건폐율 50% 용적률 100%
　　　　　한적한 주택가에 있는 정면 폭 4m, 안길이 12m의
　　　　　직사각형 협소 부지

건축주의 요구 사항
• 나무 향이 나는 집
• 테이블과 소파가 아닌 좌식 생활
• 가족의 인기척을 느낄 수 있도록
• 개방적인 밝은 평면

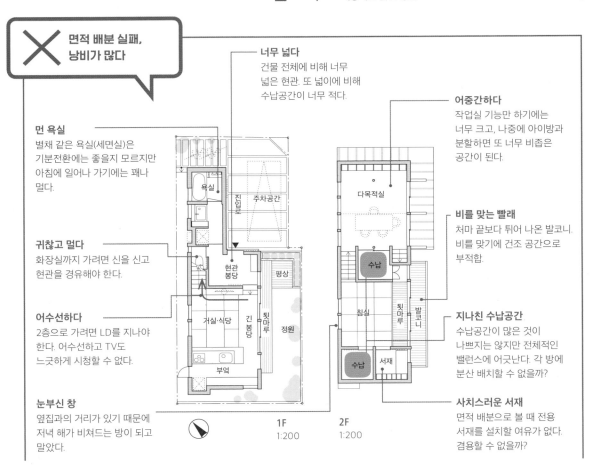

✕ 면적 배분 실패, 낭비가 많다

너무 넓다
건물 전체에 비해 너무 넓은 현관. 또 넓이에 비해 수납공간이 너무 적다.

어중간하다
작업실 기능만 하기에는 너무 크고, 나중에 아이방과 분할하면 또 너무 비좁은 공간이 된다.

먼 욕실
별채 같은 욕실(세면실)은 기분전환에는 좋을지 모르지만 아침에 일어나 가기에는 꽤나 멀다.

귀찮고 멀다
화장실까지 가려면 신을 신고 현관을 경유해야 한다.

어수선하다
2층으로 가려면 LD를 지나야 한다. 어수선하고 TV도 느긋하게 시청할 수 없다.

눈부신 창
옆집과의 거리가 있기 때문에 저녁 해가 비쳐드는 방이 되고 말았다.

비를 맞는 빨래
처마 끝보다 튀어 나온 발코니. 비를 맞기에 건조 공간으로 부적합.

지나친 수납공간
수납공간이 많은 것이 나쁘지는 않지만 전체적인 밸런스에 어긋난다. 각 방에 분산 배치할 수 없을까?

사치스러운 서재
면적 배분으로 볼 때 전용 서재를 설치할 여유가 없다. 겸용할 수 없을까?

1F
1:200

2F
1:200

2층에 욕실을 만들어 동선을 원활하게

상 2층 건조 공간. 창 쪽의 바닥이 스노코 형태이기 때문에 이 보이드를 통해 집 안의 인기척을 어디서든 느낄 수 있다.
우 1층 LDK. 미닫이문을 닫으면 앞쪽의 다다미 부분이 응접실이 된다.

콤팩트한 전용 수납
각 방의 용도에 맞춘 수납장을 짜 넣어 전용 수납을 콤팩트하게.

수납 분량 확보
계단 아래와 정면 폭의 넓이를 살려 만든 현관 수납공간. 봉당과 가까워 더러워진 큰 물건도 반입하기 쉽고 사용이 편리하다.

자연스러운 흐름
편의성과 생활동선을 고려해 욕실을 2층으로. 목욕 → 취침 → 기상 → 세수와 같은 일상생활의 자연스러운 흐름에 맞게.

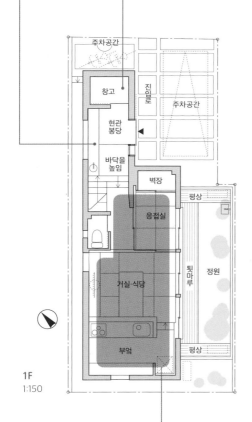

1F
1:150

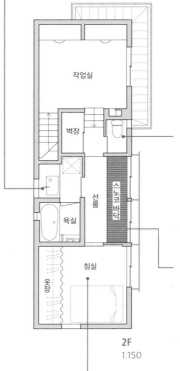

2F
1:150

밤에도 안전하게
야간에 사용할 것을 생각해 침실에서 단차 없이 다닐 수 있는 화장실을 2층에도 설치했다.

비가 와도 건조
실내에 발코니 기능을 갖춰 더 넓게 사용할 수 있는 실내 건조장을 만들었다. 스노코 바닥으로 상하층 어디에 있어도 가족의 인기척을 느낄 수 있다.

안길이가 있는 LDK
현관 주변을 정리해 건물 모양을 살린 넓은 LDK를 실현. 칸막이를 개방하면 현관까지 하나의 공간이 된다.

수납을 한곳에
커튼으로만 칸막이를 하여 수납공간이 있지만 80%의 넓이를 확보.

부지 면적 92.09m²
연면적 83.35m²

땅의 조건
가변성
채광
타인과의 관계
차경
동선
손님
프라이버시
수납
특수한 방
다세대
임대

064

바닥의 높이를 다르게 만들어 발랄하면서 편안하게

효율적인 단열과 가족 간 유대를 중시하는 건축주였다. 그래서 방의 연속성을 고려해 바닥을 한 단 높인 거실 옆의 다다미 공간, 가족이 함께 쓰는 서재, 구석에 있지만 연결되어 있는 재봉 코너 등 LDK 주변에 가족이 자연스럽게 모일 수 있는 편안한 장소들을 여러 곳 만들었다. 회유동선으로 가사동선도 효율적이다. 패시브 솔라 시스템(passive solar system)을 채택해 사계절 내내 실내 공기 순환이 일정하다.

제반 조건
가족 구성: 부부 + 아이 2명
부지 조건: 부지 면적 160.72m²
　　　　　건폐율 50%　용적률 80%
　　　　　부지 내에 약간의 고저 차가 있는 거의
　　　　　정사각형의 부지. 남쪽 도로와 접해 있다

건축주의 요구 사항
- 집 전체의 온도가 일정한 쾌적한 실내 환경
- 가족의 존재를 느낄 수 있는 집
- 프라이버시를 지킬 수 있는 집
- 실내 건조장이 있으면 좋겠다

✕ **공간이 그저 나열된 단조로운 플랜**

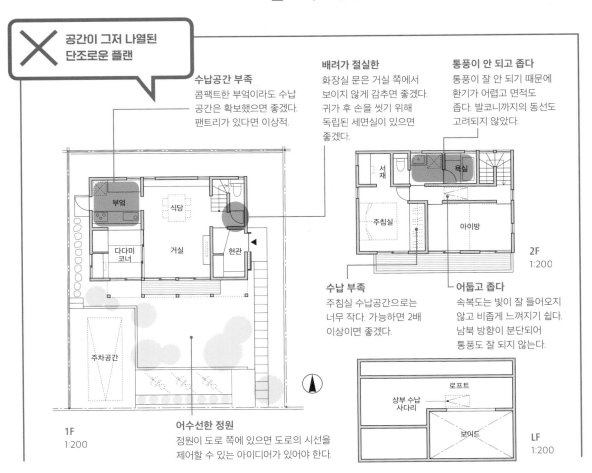

수납공간 부족
콤팩트한 부엌이라도 수납 공간은 확보했으면 좋겠다. 팬트리가 있다면 이상적.

배려가 절실한
화장실 문은 거실 쪽에서 보이지 않게 감추면 좋겠다. 귀가 후 손을 씻기 위해 독립된 세면실이 있으면 좋겠다.

통풍이 안 되고 좁다
통풍이 잘 안 되기 때문에 환기가 어렵고 면적도 좁다. 발코니까지의 동선도 고려되지 않았다.

부엌　식당
다다미 코너　거실　현관

2F
1:200
서재　욕실
주침실　아이방

수납 부족
주침실 수납공간으로는 너무 작다. 가능하면 2배 이상이면 좋겠다.

어둡고 좁다
속복도는 빛이 잘 들어오지 않고 비좁게 느껴지기 쉽다. 남북 방향이 분단되어 통풍도 잘 되지 않는다.

1F
1:200

어수선한 정원
정원이 도로 쪽에 있으면 도로의 시선을 제어할 수 있는 아이디어가 있어야 한다.

주차공간

로프트
상부 수납 사다리
보이드

LF
1:200

동선에 리듬감을 살리다

상 1층 LDK. 바닥을 한 단 높인 다다미 코너는 앉아서도 누워서도 편히 쉴 수 있는 공간.
하 2층 세면실. 수납장도 있어 타월류는 세탁·건조·정리가 짧은 동선으로 해결된다.

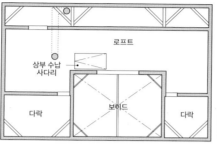

로프트
상부 수납 사다리
다락
보이드
다락

LF
1:150

계단 주변 활용
계단 주위를 이용해 보이드를 만들어 2층 복도의 답답함을 없애고 아래위층의 통풍과 채광을 확보했다. 보이드는 단조로운 LD 공간의 악센트가 된다.

효율적으로
부엌 옆의 팬트리는 콤팩트하지만 회유할 수 있는 편리한 대용량 수납공간. 회유동선의 한쪽 구석에 안주인의 취미인 재봉을 즐길 수 있는 작업 카운터를 설치.

WIC
보이드
욕실
홀
주침실
아이방
아이방
세면·탈의실

2F
1:150

바람이 통하고 편리
욕실, 화장실, 세면, 세탁기, 발코니를 일직선으로 나란히 배치. 통풍이 잘되고 세탁 동선도 짧아서 편리. 실내 건조 공간으로도 사용한다.

다양하게 공간 활용
누구나 사용할 수 있는 책상이 있는 다다미 코너. 거실 소파와는 다른 휴식 장소로, 안정감을 주고 마음 내키는 활동을 맘껏 즐기는 공간이다.

숨은 화장실 & 세면대
알코브를 만들어 화장실 입구를 거실에서 보이지 않는 위치에. 그 옆에 독립적인 세면대를 설치.

계단 밑 수납
부엌
상부 보이드
팬트리
식당
현관
다다미 코너
서재
거실
SIC

넓게 느껴지는 현관
면적상으로는 특별히 넓지 않지만 투과성 있는 칸막이로 시야가 트이고 넓게 느껴진다.

열린 듯 닫힌 공간
주차 공간을 확보하면서 단계적인 울타리와 식재로 실내외를 구분한다. 프라이버시를 지키면서 안팎을 압박감 없이 구분하는 아이디어. 거리 쪽으로 개방된 정원을 만들면 방범 측면에서도 유리하다.

정원과의 일체감
어중간한 크기의 데크를 포기하고 정원과 실내와의 거리를 좁혀 실내외의 일체감을 강화.

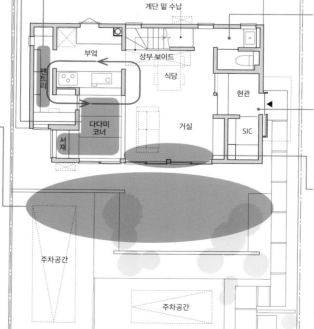

주차공간

주차공간

1F
1:150

| **부지 면적** | 160.72m² |
| **연면적** | 97.96m² |

065

30평 부지에 넓어 보이는 심플 모던

넓은 현관홀은 하와이언 스타일의 갤러리로, 하와이에서 가져온 그림과 취미인 서프보드를 전시. 2층은 천장이 높은 큰 상자(원룸)처럼 만들고 붙박이 수납장·타일 등 색을 통일하는 데 신경 썼다.

발코니는 외부와 접해 있지만 유리벽을 설치해 실내 발코니처럼 만듦으로써 원룸의 LDK가 바깥으로 확장되었다. 창의 위치를 알 수 없는 심플한 외관으로 방범 효과도 노렸다.

제반 조건

가족 구성: 부부 + 아이 1명

부지 조건: 부지 면적 102.64m²
건폐율 60% 용적률 300%
동쪽이 도로와 접하는 정형지. 회사와 주택이 혼재하는 지역으로 근처에 넓은 공원도 있다.

건축주의 요구 사항

• 현관으로 직행할 수 있는 실내 차고
• 현관홀을 넓게, 갤러리처럼
• LDK에 벽을 세우지 않고 하나의 상자로

✕ 지나친 변화로 오히려 좁게 느껴진다

쪼개지다
스킵 플로어는 오히려 2층 LDK의 시야를 막아 좁게 느껴지고 거실의 천장고도 확보할 수 없다.

복도 / 부엌 / 외부 보이드 / 실내 발코니 / 거실 / 식당 — **2F** 1:250

스카이 발코니 / 외부 보이드 / 지붕 — **RF** 1:250

홀 / 현관 / 중정 / SIC / 수납 / 욕실 / 수납 / 주침실 / 차고 / 주차공간 / WIC — **1F** 1:250

수납 / 수납 / 외부 보이드 / 복도 / 벽장 / 풀 / 보이드 / 게스트 룸 / 아이방 / 테라스 발코니 — **3F** 1:250

좁은 느낌
현관홀이 좁다. 포치에 이르는 진입로도 넓지 않기 때문에 홀까지 좁으면 집 전체가 좁게 느껴진다.

불편한 동선
빌트인 차고에서 현관으로 곧장 가는 동선이 없기 때문에 매번 돌아서 들어가야 하므로 불편하다.

쓸데없는 복도
화장실과 계단의 배치로 쓸데없는 복도가 생겼다. 스킵 플로어라서 계단 공간이 늘었다.

낭비를 최대한 줄여
공간감을 강조

땅의 조건

가변성

채광

타인과의 관계

차경

동선

손님

프라이버시

수납

특수한 방

다세대

임대

좌 넓은 현관홀. 오른쪽의 문이 SIC이며 차고와 연결된다.
우 2층 LDK. 압박감 없는 철골 계단이 공간의 악센트.

한곳에서 해결
3층 화장실을 넓게 만들고
세면대도 설치. 1층까지 내려갈
필요가 없다.

3F
1:150

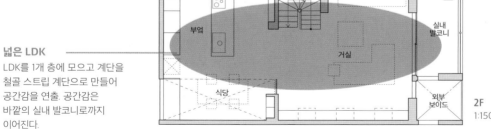

넓은 LDK
LDK를 1개 층에 모으고 계단을
철골 스트립 계단으로 만들어
공간감을 연출. 공간감은
바깥의 실내 발코니로까지
이어진다.

2F
1:150

넓은 WIC
1층에 넓은 WIC를 만들어 가족
모두의 옷을 수납. 가사동선이
짧아졌고, 각 방과 침실의 의류
수납공간이 작아도 된다.

넓은 첫인상
현관홀을 넓게 만들어 집에
들어왔을 때의 첫인상이 넓게
느껴지도록 했다.

SIC에서 지름길
차고에서 SIC를 지나 현관으로
갈 수 있도록 했다. 짧은
거리지만 훨씬 편리해졌다.

1F
1:150

부지 면적 102.64m²
연면적 143.25m²

066

보이드와 미닫이 칸막이로 유동성 확보

가사동선을 단순하고 편리하게 만들어 평상시에는 1층에서만 생활을 하는 집이다. 목조의 구조미를 살리면서 보이드 중앙에는 통나무 보를 채택. 규조토 벽과 천연목 바닥판을 고집하는 등 자연 소재를 많이 사용했다.

지붕의 경사를 살린 보이드와 미닫이 칸막이로 연속성을 높여 평면뿐 아니라 입체적으로도 넓은, 가족 간의 소통이 원활한 집이다.

제반 조건
가족 구성: 부부 + 아이 2명
부지 조건: 부지 면적 246.00m²
　　　　　건폐율 70% 용적률 200%
　　　　　역과 가까운 주택지의 모퉁이 땅. 서쪽과 남쪽이
　　　　　도로와 접하고 있다

건축주의 요구 사항
• 1층에서만 생활할 수 있도록
• 수납공간은 많이, 가사동선은 효율적으로
• 봉당 수납공간을 통해서도 들어갈 수 있는 현관

✕ 1층과 2층 간에 연결이 없다

계단과 현관이 가깝다
현관에서 거실을 지나지 않고 각 방으로 가는 동선. 가족과 얼굴을 마주할 횟수가 줄어든다.

어떻게 사용할까?
미서기문이라 열어둔 채 생활할 수 없는 다다미방은 일상적으로 사용되지 않는 '닫힌 공간'이 될 가능성도.

WIC와 건조장
건조장이 1층에 있고 WIC가 2층에 있으면 갠 빨래를 두 손에 껴안고 발밑이 보이지 않는 상태로 계단을 올라가야 한다.

어둡고 좁다
봉당 수납공간이 공간을 압박. 창이 없어 어둡고 음산한 현관이 될 것 같다.

현관에서 멀다
현관에서 거실을 횡단해 부엌으로 가는 동선. 부엌으로 가져가는 짐은 무겁고 부피도 크다. 이렇게 긴 동선은 괴롭다.

위험이 도사린다
바쁜 시간에 갑자기 열리는 문에 다칠 우려가 있다. 그렇다고 문이 안쪽으로 열리면 실내에 물건을 놓기 어렵다.

시간이 지나면
계단을 오르기 힘들어지는 시기가 온다. 그때 주침실이 2층에 있으면 힘들다.

2층을 필요 최소한으로, 1층에서 모든 생활을

좌 현관 봉당. 안쪽으로 봉당 창고가 보인다.
우 거실은 보이드의 넓은 공간. 2층 아이방의 인기척도 느낄 수 있다.

우선은 크게
어릴 때는 뛰어다니거나 자유롭게 놀 수 있도록 아이방은 넓은 편이 좋다. 방이 필요해지면 간단한 벽을 세우면 된다.

넓게 이어지는 공간
보이드는 1층에 개방감을 줄뿐 아니라 1층과 2층을 자연스럽게 연결하고 통풍도 잘 되게 한다. 아이방에 있어도 1층에 있는 가족의 인기척을 느낄 수 있다.

아이방1　아이방2　다락방 수납

보이드

2F
1:200

대용량 수납공간
다락을 이용한 수납공간. 천장고는 낮아지지만 수납용으로는 충분.

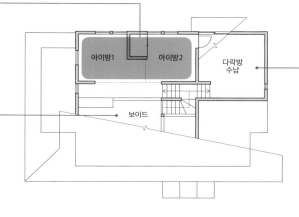

계단 중심
집의 중앙에 회유계단을 배치. 바쁠 때도 가족들의 얼굴을 볼 수 있다. 단란한 가족의 비결!

현관에서 부엌으로
현관에는 봉당 창고 겸 식품고를 만들었고 이곳을 지나면 그대로 부엌으로 이어진다. 현관에 자주 놓게 되는 물건들도 봉당 창고에 수납해두면 갑자기 손님이 와도 깔끔한 현관에서 맞이할 수 있다.

봉당 창고　부엌　욕실

봉당 현관　　　WIC

거실·식당　다다미 코너　주침실

건조장

1F
1:200

접대용 현관
현관은 올라가는 입구의 정면 폭을 넓게 잡아 접대하는 공간으로. 봉당에 창이 있어 현관이 밝고 넓다.

편안한 동선의 WIC
세탁기에서 건조장으로, 그리고 걷은 빨래는 다다미 코너에서 갠 후 바로 WIC로.

공간을 연결해 넓게
가로 공간은 미닫이문으로, 세로 공간은 보이드로 연결해 실제 면적보다 넓게 느껴진다.

안정된 1층 침실
나중의 일을 생각하면 침실은 1층이 좋다. 동남쪽에 배치해 방 안으로 기분 좋은 햇살이 비쳐 들어온다.

부지 면적 246.00m²
연면적 120.56m²

땅의 조건
가변성
채광
타인과의 관계
차경
동선
손님
프라이버시
수납
특수한 방
다세대
임대

067

넓은 봉당을 두어
호젓하게
쾌적하게

삼각형 부지 모양에 맞춰 건물을 계획. 인접지(공원)와 고저 차가 2m 이상이며 봄에는 벚꽃을 볼 수 있어 거실 소파에서 벚꽃을 즐길 수 있도록 했다.

　남편의 취미는 자전거. 넓은 봉당에 정비 공간을 확보하고 SIC를 중심으로 회유동선을 만들었다. 이로 인해 기능적인 동선이 되었을 뿐 아니라 봉당이 실내로 깊숙이 들어와 안팎이 자연스럽게 이어지면서 즐거운 생활을 할 수 있다.

제반 조건
가족 구성: 부부 + 아이 1명
부지 조건: 부지 면적 304.48m²
　　　　　건폐율 50%　용적률 100%
　　　　　한적한 주택가의 삼각형 부지. 인접지가 공원이라
　　　　　벚나무를 볼 수 있다

건축주의 요구 사항
• 거실은 넓게
• 인접지의 벚꽃을 즐기고 싶다
• 자전거 정비 공간, 다다미방 등

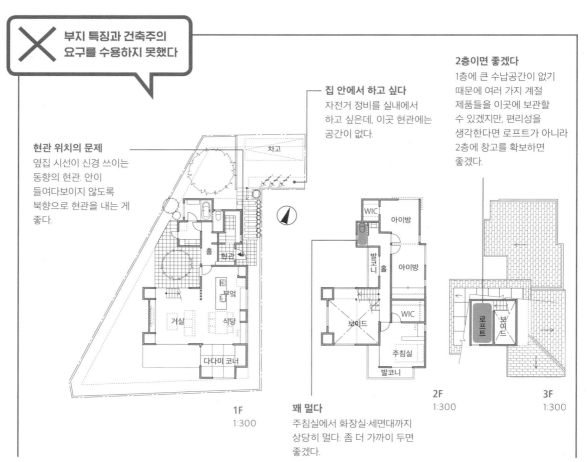

✕ 부지 특징과 건축주의 요구를 수용하지 못했다

집 안에서 하고 싶다
자전거 정비를 실내에서 하고 싶은데, 이곳 현관에는 공간이 없다.

2층이면 좋겠다
1층에 큰 수납공간이 없기 때문에 여러 가지 계절 제품들을 이곳에 보관할 수 있겠지만, 편리성을 생각한다면 로프트가 아니라 2층에 창고를 확보하면 좋겠다.

현관 위치의 문제
옆집 시선이 신경 쓰이는 동향의 현관. 안이 들여다보이지 않도록 북향으로 현관을 내는 게 좋다.

차고

홀
현관
부엌
거실 / 식당
다다미 코너

1F
1:300

WIC
아이방
발코니 / 홀 / 아이방
보이드
WIC
주침실
발코니

2F
1:300

로프트 / 보이드

3F
1:300

꽤 멀다
주침실에서 화장실·세면대까지 상당히 멀다. 좀 더 가까이 두면 좋겠다.

부지의 모양을 살려
생활에 여유를

상 보이드가 있는 LDK. 정면 계단 옆에 보이는 문으로 봉당과 연결된다.
우 봉당의 프리 스페이스. 톱 라이트를 통해 들어오는 밝은 빛 아래에서 취미인 자전거를 즐긴다.

땅의 조건
가변성
채광
타인과의 관계
차경
동선
손님
프라이버시
수납
특수한 방
다세대
임대

실내 정비소
자전거를 정비할 수 있도록 넓은 봉당. 톱 라이트를 통해 빛이 들어와 밝고 기분 좋은 곳에서 취미에 몰두할 수 있다.

시선을 배려
동쪽 이웃집의 시선을 배려해 현관을 북쪽에 두었다. 북쪽에 위치한 공원에서 노는 아이에게 현관 앞에서 말을 걸 수 있다.

2층에 창고
2층의 아이방은 가구를 배치하기 쉬운 형태로 만들고 로프트 대신 같은 층에 창고를 확보.

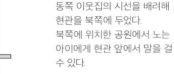

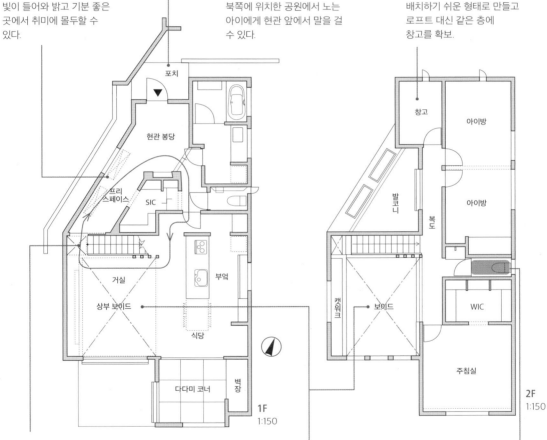

1F 1:150

2F 1:150

쉽게 접근하다
거실과 취미공간인 현관 봉당을 가까이 만들어 금방 접근할 수 있는 루트를 확보. SIC를 중심으로 크고 작은 회유동선을 만들었다.

보이드로 개방감
LDK는 원룸이지만 거실 상부를 큰 보이드로 만들면 개방감이 생겨 원룸의 단조로움이 해소된다.

모두 가까운 곳에
2층 화장실을 주침실과 아이방 사이에 배치해 어느 방에서든 가기 쉽게.

| **부지 면적** 304.48m² |
| **연면적** 136.19m² |

068

욕실과 부엌을 한쪽에 모아 가사 효율을 높이다

고기밀·고단열을 실현한 쾌적한 주택. 현관에서 이어지는 콘크리트와 타일, 테라스가 달린 중정이 디자인에 악센트를 준다.

평면은 1층에 LDK와 욕실을, 2층에 방들을 모으고, 다락에는 수납공간과 함께 다다미방도 만들었다. 부엌 뒤쪽에 화장실, 세면실, 탈의실, 욕실을 일직선으로 배열해 집안일을 효율적으로 할 수 있다. 부엌은 퍼블릭한 LD와 프라이빗한 욕실·화장실의 중간에 배치했다.

제반 조건
가족 구성: 부부 + 아이 1명
부지 조건: 부지 면적 316.33m²
　　　　　 건폐율 60% 용적률 100%
　　　　　 한적한 주택가의 정형지

건축주의 요구 사항
- 데크와 테라스로 외부와 연결되도록
- 디자인도 중요. 악센트로 자연 소재를
- 쾌적한 일상생활이 중요하기 때문에 성능을 고려

 동선이 뒤엉키다

현관이 훤히 보인다
도로 쪽으로 오픈된 현관이라 통행하는 사람들에게 현관 안이 훤히 들여다보인다.

어색한 동선
화장실이 부엌 옆을 지나게 되어 특히 손님이 이용하기 거북할 것 같다. 훤히 들여다보이는 것도 단점.

조금 더 크게
다락의 수납공간이 의외로 좁다. 아이의 성장과 함께 늘어나므로 최대한 크게 만들면 좋겠다.

1F
1:300

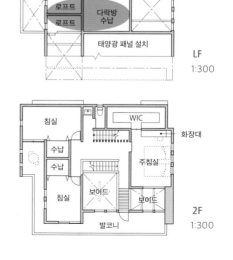

LF
1:300

2F
1:300

땅의 조건

가변성

채광

타인과의 관계

차경

동선

손님

프라이버시

수납

특수한 방

다세대

임대

◎ **층마다 기능을 나누어
효율적으로**

부엌에서 본 식당과 거실.

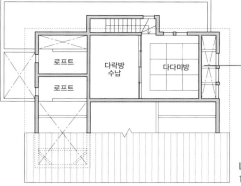

LF
1:200

넉넉한 수납
다락공간에는 수납공간과
함께 다다미방도 마련.
손님이 머물 수 있는
방으로도, 수납 장소로도
쓰인다.

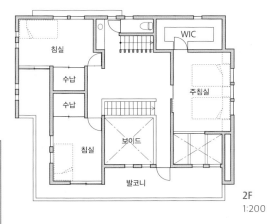

2F
1:200

커다란 보이드가 있는
거실과 그 안쪽의 식당.

화장실로 가는 동선
손님들이 편하게 사용할 수 있도록
화장실은 현관홀에서 곧장 갈 수
있는 장소에. LD에서 보이지 않는
위치에 있다.

계단으로 직결
현관에 들어서면 바로 연결되도록
계단을 배치해 곧장 2층으로 갈 수
있는 동선. 집의 중앙에 있는 거실
계단이라 계단을 오르는 기척을
금방 알 수 있다.

여유로운 진입로
현관의 방향을 바꾸어 도로에서
정면으로 보이지 않는 여유로운
진입로. 포치를 가림벽으로 가려
현관이 밖에서 훤히 들여다보이지
않는다.

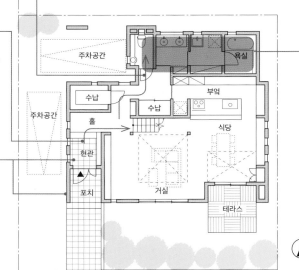

효율적으로
부엌 뒤쪽으로 화장실,
세면실, 탈의실, 욕실을 한
자리에 모았다. 가사동선이
짧아지고 급배수 공사비용도
줄일 수 있다.

1F
1:200

부지 면적 316.33m²
연면적 146.59m²

069

새로운 기능들을 흡수한 디자인 주택

'다른 곳에는 없는 이상적인 디자인의 집을 짓고 싶다'라는 요청으로 시작된 집짓기. 현관에서 보이는 보이드 덕분에 개방적으로 느껴지는 디자인 계단은 집의 상징이 되었다.

2층에는 빛을 끌어들이는 경사 천장에 넓은 LDK를 배치. 바닥을 한 단 높인 다다미 밑에 넉넉한 수납 공간을 확보했다. 지붕 일체형 태양광을 설치. 디자인뿐 아니라 성능에도 신경 쓴 주택이다.

제반 조건
가족 구성: 부부 + 아이 1명
부지 조건: 부지 면적 140.17㎡
　　　　　 건폐율 60% 용적률 100%
　　　　　 한적한 주택지의 볕이 잘 드는 정형지

건축주의 요구 사항
- 밝고 개방적인 거실
- 빨래를 편하게 말리고 싶다
- 현관을 항상 깨끗이 유지할 수 있도록
- 다다미 공간을 갖고 싶다

✕ 1층에 너무 많은 기능을 욱여넣다

혼잡하다
계단을 올라가는 입구에 화장실의 출입구가 있어 동선이 교차하는 답답한 플랜.

먼 부엌
북쪽 구석에 있는 부엌으로 가려면 남쪽 현관에서 LD를 횡단해야 한다. 무거운 짐을 들고 거실을 지나는 게 고역일 수도 있다.

1F
1:200

2F
1:200

부족한 넓이
세면실은 필요한 최소한의 넓이만 확보하고 있다. 이 공간에 세탁기를 두면 충분한 수납을 할 수 없다. 세탁물을 말리는 동선도 고려되지 않았다

개방감이 부족
밝고 개방적인 거실을 원했는데 LDK를 1층에 만들어 충분한 천장고를 확보하지 못해 개방감도 부족하다.

좌 실내 건조를 할 수 있는 1층의 넓은 세면·탈의실.
우 2층 LDK. 남쪽의 낮은 창으로 들어온 바람은 천장의 경사를 따라 높은 창을 통해 빠져나간다.

욕실을 1층에,
실내 건조장과 LDK를 넓게

휴식과 수납을
눕거나 앉아서 모두가 느긋하게 쉴 수 있는 다다미방. 바닥을 한 단 높인 다다미 아래에 넓은 수납공간이 생겨 2층 전체가 깔끔해진다.

함께 사용한다
작은 학습공간을 LD에 만들어 가족이 함께 사용할 수 있도록. 컴퓨터 사용, 아이와 함께 공부하는 등 다양하게 활용할 수 있다.

살림이 드러나지 않는다
드러나기 쉬운 부엌을 독립 부엌으로 만들어 LD 옆에 배치. 콤팩트하고 사용하기 편한 부엌이면서 살림살이가 LD공간에 드러나지 않는다.

보이드와 세트로
아래위층을 잇는 계단은 그 자체로 보이드 공간이지만, 그 보이드를 조금 크게 만들어 개방감을 증폭시킬 수 있다.

통풍을 고려한 창 배치
창은 디자인뿐만 아니라 패시브 개념으로 배치. 남쪽 창을 최대한 아래에 배치하고 경사 천장의 높은 부분의 창을 통해 바람이 배출되도록 했다.

2F
1:150

잠시 손을 씻다
화장실 밖에 세면기를 설치. 귀가 시에는 1층에서 손을 씻는데 평소 생활 중에서도 LDK에 들어가기 전에 잠깐 손을 씻을 수 있다.

충실한 실내 건조
세면·탈의실을 넓고 가로로 길게 플래닝. 날씨에 관계없이 많은 양의 빨래도 실내 건조를 할 수 있도록 건조대를 2세트 설치했다.

현관의 투웨이
SIC에서 실내로 들어가는 동선을 만들어 내현관이 생겼다. 가족은 내현관으로 출입할 수 있으므로 현관이 언제나 깔끔하다.

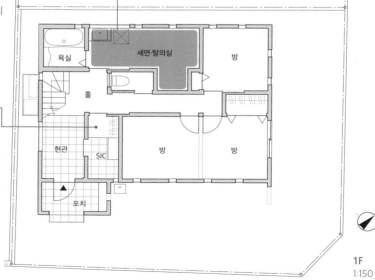

1F
1:150

부지 면적 140.17m²
연면적 114.89m²

땅의 조건
가변성
채광
타인과의 관계
차경
동선
손님
프라이버시
수납
특수한 방
다세대
임대

070

높이 차를 이용한 중2층의 스터디 코너

도로와의 높이 차를 이용한 차고 위에 중2층의 스터디 코너를 만들고 LDK와 느슨하게 연결했다.

건물 모양은 2층 부분을 작고 심플하게 맞배지붕으로 만들었고, 시야가 트이지 않는 방향으로 ㄷ자 모양의 단층집을 이어 중정 데크를 설치했다. ㄷ자로 만들면 현관에서 LDK에 이르는 거리가 생겨 실제보다 더 넓게 느껴진다. 또한 ㄷ자 부분의 앞부분인 앞마당으로 여유롭게 진입하면서 부지의 녹음과 주변의 거리도 느낄 수 있다.

제반 조건

가족 구성: 부부 + 아이 2명 + 개
부지 조건: 부지 면적 158.68m²
　　　　　건폐율 51.98%　용적률 111.91%
　　　　　조용한 주택지. 거의 정형으로, 서쪽이 도로와
　　　　　접한다. 외벽 후퇴가 있다

건축주의 요구 사항

* 햇볕이 잘 들고 통풍이 잘 되며 생활동선이 좋은 평면
* 스터디 코너가 되는 스킵 플로어
* 거실과 이어지는 우드 데크 등

중2층을 만든 방법이 어중간하다

팬트리가 없다
부엌에 팬트리를 설치할 여유가 없기 때문에 그만큼 부엌이 LD쪽으로 나와 있다. 당연히 거실과 식당이 좁아졌다.

조금 걱정
세면·탈의실은 복도 쪽에서도 부엌 쪽에서도 들어갈 수 있는 양방향. 동선상으로는 편리하지만 탈의할 때 갑자기 문이 열리지 않을까 조금 걱정.

바람이 통하지 않는다
북쪽에 욕실과 화장실이 모여 있기 때문에 LDK에서는 남북으로 바람이 잘 통하지 않는다.

1F
1:200

욕실　부엌
식당
우드 데크
거실
홀
현관
주차공간

훤히 들여다보인다
북동쪽에 있는 옆집에서 현관 주변이 훤히 들여다보여서 신경 쓰인다.

2F
1:200

아이방　아이방
WIC　주침실
PC 코너　보이드
서재

일체감이 없다
서재 코너와 피아노·PC 코너가 이어진 듯하지만 사실은 높이 차로 단절되어 공간이 낭비되고 일체감이 없다.

ㄷ자 플랜의 긴 동선으로, 그 연장에 중2층을 만들다

부엌에서 본 모습. 안쪽에 보이는 중2층의 스터디 코너에서는 LDK의 인기척을 느끼면서 공부나 작업을 할 수 있다.

WIC

주침실

아이방

로프트

보이드

2F
1:150

내현관에 수납
현관에는 SIC를 설치했고, 바로 실내로 들어갈 수 있는 내현관도 함께 만들었다. 내현관에서 가족 WIC를 지나 실내로 들어가게 되어 있다. 가족 WIC는 세면·탈의실과도 가까워 효율적.

프라이버시 확보
ㄷ자 플랜으로 남쪽의 이웃집으로부터 중정의 프라이버시를 지킨다.

부엌

욕실

W I C

식당

현관

SIC

우드데크

거실

1F
1:150

인기척이 전해지다
차고 위를 중2층의 스터디 코너로 만들어 LDK와 연결되면서 항상 가족의 인기척을 느낄 수 있는 공간이다. 스터디 코너를 넓게 잡았기 때문에 피아노 자리와 PC 코너도 겸한다.

스터디 코너

피아노 **PC 코너**

주차공간

녹음을 지나는 진입로
부지 전체를 사용해 식재 사이를 지나가는 진입로. 집으로 들어가기 전부터 설렌다.

부지 면적	158.68m²
연면적	94.43m²

땅의 조건

가변성

채광

타인과의 관계

차경

동선

손님

프라이버시

수납

특수한 방

다세대

임대

071

효율적인 가사동선과 풍요로운 LDK를 2층에

벚나무와 아이들이 놀 수 있는 공원이 곳곳에 있는 녹음이 풍부한 입지 조건. 다만 남쪽에 있는 이웃집의 부지가 좀 더 높아 1층의 채광이 좋지 않았다.

그래서 가족이 가장 자주 모이는 거실을 2층에 배치. 부엌과 연결되는 식탁을 설치해 단출하지만 식당도 확보했다. 또한 식당 옆의 출창에 벤치를 만들어 거실과는 또 다른 공간을 연출했다. 부엌을 중심으로한 가사동선의 효율화도 포인트 중 하나다.

제반 조건
가족 구성: 부부 + 아이 2명
부지 조건: 부지 면적 110.07m²
　　　　　건폐율 60% 용적률 200%
　　　　　한적한 주택가의 모퉁이 땅. 벚나무와 공원이
　　　　　점재해 있는 녹음이 풍부한 환경

건축주의 요구 사항
• 녹음이 많은 주변 환경을 잘 활용하는 계획
• 햇볕이 잘 드는 공간
• 가사동선을 효율적으로

✕ 주변의 녹지가 무용지물

가사동선이 길다
빨래를 말리려면 2층까지 올라가야 한다.

훤히 들여다보인다
현관문을 열면 도로에서 내부가 훤히 들여다보인다.

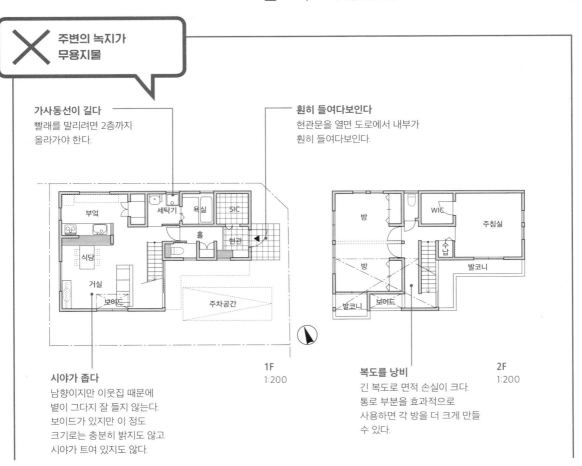

1F 1:200

2F 1:200

시야가 좁다
남향이지만 이웃집 때문에 볕이 그다지 잘 들지 않는다. 보이드가 있지만 이 정도 크기로는 충분히 밝지도 않고 시야가 트여 있지도 않다.

복도를 낭비
긴 복도로 면적 손실이 크다. 통로 부분을 효과적으로 사용하면 각 방을 더 크게 만들 수 있다.

곳곳에 배치한 기분 좋은 공간

좌 2층 식당과 출창 앞의 벤치.
우 현관과 책장. 벽면 한 면이 책장이다. 반대쪽은 현관 수납공간.

부엌에서 세탁
가사동선을 생각해 세탁기를 부엌 옆에 놓았다. 빨래가 쌓이는 세면실도, 건조하는 발코니도 가까워 동선이 원활해진다. 또 세탁기를 도는 회유동선이 만들어져 가사 작업의 효율성도 높아진다.

출창의 벤치
출창 부분에 설치한 벤치. 식탁과의 거리를 중시해 테이블에 둘러앉았을 때와 거실과 연결되어 있을 때 서로 다른 관계성을 연출한다.

바깥을 즐기다
중정 형식의 2층 발코니는 '야외의 방'처럼 사용할 수 있다. 발코니의 햇빛이 스켈레톤 계단을 올라와 부엌까지 닿는다.

욕실 / 세면실 / 부엌 / 식당 / 수납 / 복도 / 방 / 발코니 / 거실 / 벽난로

2F
1:150

보이는 책장
책이 생활의 큰 부분인 건축주의 일상이 잘 드러나도록 현관에도 책장을 만들었다. 사무실과도 가까워 자료집을 두는 곳이기도 하다.

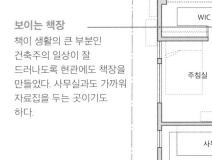

WIC / 현관 / 벽장 / 다다미방 / 주침실 / 복도 / 사무실 / 차고

응접실 장식
1층 다다미방은 손님을 접대하는 장소. 서예가 취미인 어머니로부터 선물 받은 족자를 장식할 수 있도록 선반(도코노마)을 만들었다.

1F
1:150

| **부지 면적** 110.07m² |
| **연면적** 129.22m² |

땅의 조건
가변성
채광
타인과의 관계
차경
동선
손님
프라이버시
수납
특수한 방
다세대
임대

072
도로에 접해 있지만 아늑한 정원

1970년대에 개발된 오래된 분양 주택지 내에 있는 거의 정방형에 가까운 부지. 서쪽 내리막인 전면도로를 향해 있다. 건축주 부부와 시공업체 대표가 같은 대학의 건축학과 출신으로 기본설계를 건축주가 주도했다. 건물은 콤팩트하게 만들었고 도로와 접해 있지만 아늑한 앞마당과 거실을 확보. 심플한 동선 곳곳에 붙박이 가구를 배치해 충분한 수납공간을 마련했다. 세세한 부분까지 깔끔하게 정리해 관리가 편한 집을 완성했다.

제반 조건
가족 구성: 부부 + 아이 2명
부지 조건: 부지 면적 168.39m²
　　　　　 건폐율 50% 용적률 80%
　　　　　 같은 규모의 주택과 부지가 주위에 있는 한적한
　　　　　 주택가의 거의 정방형에 가까운 부지

건축주의 요구 사항
• 가족의 인기척이 전해지는 평면, 단순한 가사동선
• 외부를 끌어들여 바람과 빛이 가득하도록
• 붙박이 가구와 충분한 수납공간

✕ 동선이 꼬이면 공간 낭비도 심해진다

분리된 가사동선
부엌에서 욕실로 가는 동선이 계단으로 분리됐다. 또한 화장실과 탈의실의 출입구가 현관 옆 복도에서 들여다보인다.

1F
1:200

부엌 / 식당 / 거실 / 다다미방 / 세면실 / 욕실 / 현관 / 주차공간 / 앞마당

2F
1:200

아이방1 / 아이방2 / 홀 / 주침실 / WIC / 보이드 / 발코니

그저 넓기만 할뿐
2층 홀은 그저 넓기만 할뿐이다. 발코니도 각 방을 경유해야만 출입할 수 있어 불편하다.

애매한 경계
데크가 주차 공간까지 돌출되어 정원과 주차 공간의 경계가 애매하다.

비용 상승
현관 앞의 반옥외 공간이 커서 시공비가 올라간다.

모양이 비뚤다
2층의 모양이 비뚤어 시공비가 올라간다. 전체적인 수납공간도 적다.

정원과 LDK의
자연스러운 연결

좌 2층 서재 코너.
우 1층 거실과 다다미방. 높은 담장을
두른 프라이빗한 정원과 이어진다.

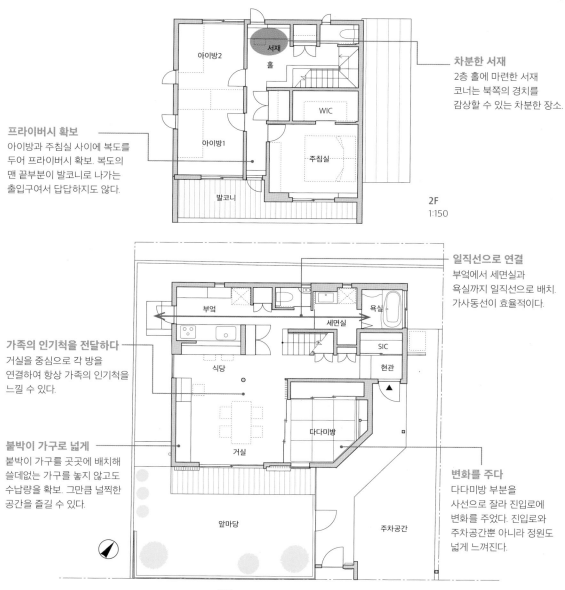

차분한 서재
2층 홀에 마련한 서재
코너는 북쪽의 경치를
감상할 수 있는 차분한 장소.

프라이버시 확보
아이방과 주침실 사이에 복도를
두어 프라이버시 확보. 복도의
맨 끝부분이 발코니로 나가는
출입구여서 답답하지도 않다.

2F
1:150

일직선으로 연결
부엌에서 세면실과
욕실까지 일직선으로 배치.
가사동선이 효율적이다.

가족의 인기척을 전달하다
거실을 중심으로 각 방을
연결하여 항상 가족의 인기척을
느낄 수 있다.

붙박이 가구로 넓게
붙박이 가구를 곳곳에 배치해
쓸데없는 가구를 놓지 않고도
수납량을 확보. 그만큼 널찍한
공간을 즐길 수 있다.

변화를 주다
다다미방 부분을
사선으로 잘라 진입로에
변화를 주었다. 진입로와
주차공간뿐 아니라 정원도
넓게 느껴진다.

부지 면적 168.39m²
연면적 110.29m²

1F
1:150

땅의 조건
가변성
채광
타인과의 관계
차경
동선
손님
프라이버시
수납
특수한 방
다세대
임대

073

취향이 분명한, 기능적이고 개방적인 집

1층에 LDK와 욕실, 2층에 방을 배치한 전통적인 구성이지만 각 공간의 사용법을 구체적으로 정해서 낭비가 없다. 생활의 효율을 도모하고 낭비를 줄인 만큼 최대한의 공간을 얻었다. 특히 욕실과 화장실은 1층과 2층 모두 공간을 여유 있게 확보해 4인 가족의 생활에 맞췄다. 나무의 따스함과 개방감이 넘치는 집이다.

제반 조건

가족 구성: 부부 + 아이 2명
부지 조건: 부지 면적 184.00m²
　　　　　건폐율 50% 용적률 100%
　　　　　한적한 주택가 안의 분양지. 근처에 상업시설이
　　　　　있는 호수가 있다

건축주의 요구 사항

- 숲속 오두막 같은 집
- 디테일한 부분은 수작업으로 완성도를 높여주길
- 자연 소재를 선호

 **1층은 단조롭고
2층은 답답**

무의미한 공간
식재료를 보관하기 위한 공간인데, 무엇을 둘지 어떻게 사용할지 정하지 않은 채 계획됐다. 이보다 작더라도 기능적이어야 한다.

흩어진 욕실과 화장실
탈의공간이 좁고 세탁기 둘 곳도 없다. 또 욕실, 화장실, 세면대를 제각각 배치하면 비용이 많이 든다.

목적이 불분명
1층과 마찬가지로 어떻게 사용할지 고민하지 않았다. 화장실 입구, 정말 이곳이 괜찮을까?

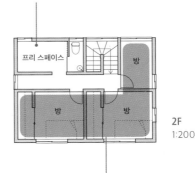

너무 넓다
가구를 놓으면 밸런스가 좋아질 수도 있겠지만 편의성을 생각한다면 조금 더 평면을 연구해야 한다.

너무 크다
넓은 것이 나쁘지는 않지만 현관에 들어서면 넓은 봉당에서 LDK가 훤히 보인다. 봉당에 손님이 와 있으면 다른 가족들이 편하게 쉴 수 없다.

누구를 위한 방?
어느 방을 어떻게 쓸 생각일까? 아이방 2개와 주침실이 있는데, 미래까지 생각해 구체적으로 사용법을 정할 필요가 있다.
각 방에 창이 있기는 하지만 칸막이가 많으면 통풍이 잘 되지 않는다.

숲속 오두막처럼
여유롭고 개방적으로

땅의 조건

가변성

채광

타인과의 관계

차경

동선

손님

프라이버시

수납

특수한 방

다세대

임대

좌 1층 LDK. 왼쪽 끝이 현관공간.
우 건물 정면 외관.

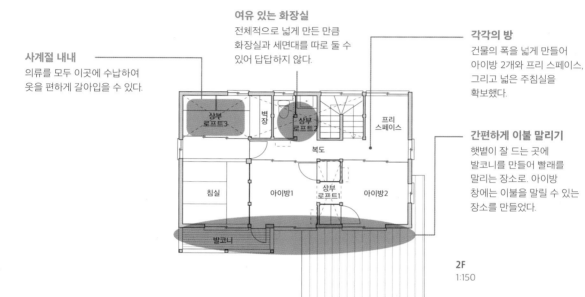

여유 있는 화장실
전체적으로 넓게 만든 만큼 화장실과 세면대를 따로 둘 수 있어 답답하지 않다.

각각의 방
건물의 폭을 넓게 만들어 아이방 2개와 프리 스페이스, 그리고 넓은 주침실을 확보했다.

사계절 내내
의류를 모두 이곳에 수납하여 옷을 편하게 갈아입을 수 있다.

간편하게 이불 말리기
햇볕이 잘 드는 곳에 발코니를 만들어 빨래를 말리는 장소로. 아이방 창에는 이불을 말릴 수 있는 장소를 만들었다.

상부 로프트3 / 벽장 / 상부 로프트2 / 프리 스페이스 / 복도 / 침실 / 아이방1 / 상부 로프트1 / 아이방2 / 발코니

2F
1:150

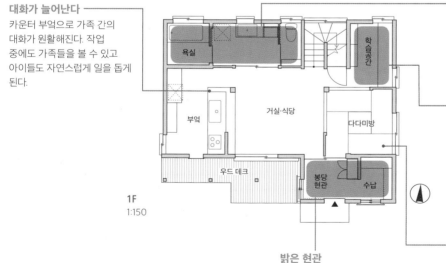

대화가 늘어난다
카운터 부엌으로 가족 간의 대화가 원활해진다. 작업 중에도 가족들을 볼 수 있고 아이들도 자연스럽게 일을 돕게 된다.

넓은 욕실과 화장실
욕실, 세면실, 화장실을 한 곳에 모으면 창을 통해 습기가 잘 빠져서 깔끔하다. 비용도 낮출 수 있다.

가깝지도 멀지도 않은
누구나 사용할 수 있는 학습공간. LDK와 연결되어 있지만 계단에 조금 가려진 위치에 있기 때문에 가족의 인기척을 느끼면서도 집중해서 작업할 수 있다.

욕실 / 학습공간 / 부엌 / 거실·식당 / 다다미방 / 우드 데크 / 봉당 현관 / 수납

1F
1:150

밝은 현관
현관 봉당에 창을 설치해 밝고 통풍이 잘 되는 장소가 되었다. 수납공간도 널찍하게 만들어 깔끔하다.

다다미방의 바닥 밑 수납
바닥을 한 단 높인 다다미방은 LDK와는 또 다른 편안한 장소. 응접실로 쓰고 다다미 아래의 넓은 수납공간도 매력.

부지 면적 184.00m²
연면적 105.75m²

074

소재와 기능에 심혈을 기울인 경사 천장

거리에서 보면 단층집처럼 보이는 큰 지붕 집.

집의 중심이 되는 1층 LDK는 바닥을 한 단 높인 다다미방과 연결되며 넓이는 대략 10평 정도로, 경사 천장을 따라 넓어지는 넓은 보이드 공간이다. LDK를 내려다보는 2층 홀에는 스터디 코너와 피아노가 나란히 있어 1층에서 피아노를 연주하러 갈 때 마치 무대에 오르는 듯한 기분이 든다. 지하 배관실과 다락방도 충실하게 만들어 수납량은 충분하다. 가사동선까지 배려한 우아한 목조 주택이다.

제반 조건
가족 구성: 3명
부지 조건: 부지 면적 180.00m²
　　　　　 건폐율 60% 용적률 150%
　　　　　 한적한 주택가의 직사각형 부지. 동쪽이 도로와
　　　　　 접하며 도로 건너편에 병원이 있다

건축주의 요구 사항
· 아이가 자연스럽게 정리·정돈 하는 집
· 집안일하기 편한 집, 수납공간 많이
· 외부와 연결되는 느낌

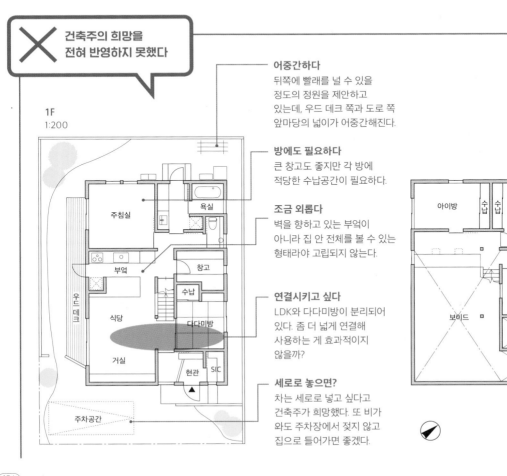

╳ 건축주의 희망을 전혀 반영하지 못했다

어중간하다
뒤쪽에 빨래를 널 수 있을 정도의 정원을 제안하고 있는데, 우드 데크 쪽과 도로 쪽 앞마당의 넓이가 어중간해진다.

방에도 필요하다
큰 창고도 좋지만 각 방에 적당한 수납공간이 필요하다.

조금 외롭다
벽을 향하고 있는 부엌이 아니라 집 안 전체를 볼 수 있는 형태라야 고립되지 않는다.

연결시키고 싶다
LDK와 다다미방이 분리되어 있다. 좀 더 넓게 연결해 사용하는 게 효과적이지 않을까?

세로로 놓으면?
차는 세로로 넣고 싶다고 건축주가 희망했다. 또 비가 와도 주차장에서 젖지 않고 집으로 들어가면 좋겠다.

1F 1:200

주침실 / 욕실 / 부엌 / 창고 / 수납 / 우드 데크 / 식당 / 다다미방 / 거실 / 현관 / SIC / 주차공간

2F 1:200

아이방 / 수납 / 수납 / 아이방 / 창고 / 보이드

땅의 조건

가변성

채광

타인과의 관계

차경

동선

손님

프라이버시

수납

특수한 방

다세대

임대

희망 사항을 착실히 반영하고 기능에 충실하게

좌 보이드 거실. 계단을 올라간 2층 홀에 스터디 코너와 피아노가 있다.
우 부엌 쪽에서 본 거실. 장지문 건너편에 응접실을 겸한 다다미방이 있다.

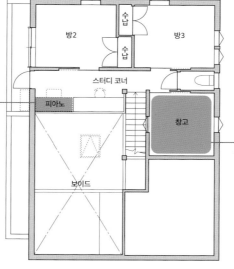

무대로 올라가다
아이가 스스로 피아노를 치고 싶어지도록 보이드와 접해 있는 무대 같은 장소에 피아노를 놓았다.

다락 이용
다락을 이용한 창고. 보이드 방향으로 창이 있어 LDK와 연결된다.

방2 수납 방3

수납

스터디 코너

피아노

창고

보이드

2F
1:150

서쪽으로 붙이다
건물을 최대한 안쪽(북서쪽)으로 배치하고 남쪽 정원을 넓게 만들었다. 주차와 자전거 거치 공간을 확보하고도 원예까지 가능하다.

개방적으로 쓰다
LDK에서 다다미방까지 약 10평 남짓한 공간이 평소의 생활 장소. 다다미방은 소파와는 다른 휴식공간이 된다. 거실에 놓인 계단을 통해 가족의 인기척을 느낄 수 있다.

텃밭

부엌

식당

욕실

거실

우드 데크

방1

다다미방 벽장 현관 SIC

텃밭

주차공간

여유롭게, 기능적으로
화장실은 여유롭게 쓸 수 있도록 폭을 널찍하게 확보. 수납은 큰 창고가 아니라 각 공간에서 사용할 수 있는 수납공간으로 변경.

정리하는 현관
우편물 등을 그 자리에서 처리할 수 있도록 현관홀 수납공간은 널찍하게. 바쁠 때도 정리할 수 있는 현관이 되었다.

자연스럽게 가리다
길에서 현관이 훤히 보이지 않도록 나무 격자로 자연스럽게 가렸다.

부지 면적 180.00m²
연면적 116.62m²

1F
1:150

075

집 전체가 따뜻한 자연주의 주택

건축주는 설비 일을 하는 종합 건설업자로 단열에 집착했다. 기밀·단열 공사에 힘쓰고 바닥 밑 에어컨을 채택했다.

공간 중심에 배치된 철골 계단과 스노코 형태의 2층 복도가 특징적이다. 다다미 거실은 스크린으로 칸을 막을 수 있어 상황에 맞춰 사용 가능하다. 내장재로 일본 전통지를 발라 부드러운 분위기를 연출했다.

제반 조건
가족 구성: 부부 + 아이 2명
부지 조건: 부지 면적 144.92m²
건폐율 50% 용적률 80%
한적한 주택가 안의 정형지. 부지 안에 약 60cm 정도의 고저 차가 있다

건축주의 요구 사항
- 단열이 좋은 집
- 자연 소재를 사용하고 싶다
- 가족이 함께 사용할 수 있는 스터디 코너
- 현관 수납공간을 크게
- 거실에 딸린 우드 데크

✕ 아래위층도, 각 방들도 단절된 느낌

주침실에도 빛을
남쪽을 아이방으로 내주고 북쪽에 위치한 주침실. 하다못해 발코니로라도 나갈 수 있으면 좋겠다.

재미가 없다
크게 4분할한 공간 중 하나를 가족용 WIC로 만든 아이디어는 좋지만 너무 평범한 평면이라 연구가 더 필요하다. 좀 더 재미있으면 좋겠다.

수납 부족
현관 수납공간과 욕실에 면적을 빼앗겨 부엌 주변의 수납공간이 부족하다. 팬트리도 필요하다.

LDK가 좁다
욕실을 무리하게 1층에 배치해 LDK가 충분히 넓지 못하다. 욕실은 2층에 배치하면 어떨까?

유연성 있게
아이가 어릴 때는 오픈해서 사용하면 좋겠다. 방으로 고정해버리면 나중에 아이들이 독립한 후 햇볕이 잘 드는 창고가 되기 십상이다.

주차공간

현관 SIC 욕실

부엌

거실·식당

우드 데크

주침실 WIC

아이방 아이방

발코니

1F
1:200

2F
1:200

스노코 복도로
집의 중앙을 큰 보이드로

좌 다다미 거실. 오른쪽 문이 WIC 입구다.
우 계단 너머의 부엌과 식당. 2층 복도가 스노코 형태로 되어 있다.

스노코 복도
통로를 스노코 형태로 만들어 아래위층의 채광·통기성을 확보. 바닥 밑 에어컨으로 집 전체가 일정한 온열 환경이 된다. 스노코 복도는 1층 천장의 악센트.

유연성 있게
아이방은 크게 확보해두고 가구로 칸을 막는다. 나중에 아이들이 커서 각자의 방이 필요해져도 대처할 수 있다.

지나다니다
지나다닐 수 있는 WIC에는 이불도 보관한다. 부모님이 묵으러 오실 때는 여기서 이불을 꺼내 다다미 깔린 응접실을 즉시 세팅한다. 응접실에서는 LDK를 거치지 않고 화장실에 갈 수 있다.

일체화된 현관
동서로 긴 봉당 같은 현관은 미닫이를 열면 LDK와 하나의 공간이 된다. 미닫이문은 벽에 집어넣을 수 있으므로 개방감이 뛰어나다. 봉당에는 SIC와 수납공간 외에도 벤치를 설치해 다양한 방법으로 즐길 수 있다.

응접실도 되는 거실
다다미 깔린 거실은 경계 부분에 롤스크린이 숨겨져 있는데 이것을 내리면 바로 방이 되어 응접실로 쓸 수 있다.

가족이 다함께
희망하던 스터디 코너를 식당 옆에 배치. 준공 시 아이들은 아직 어렸지만 학교 숙제를 하는 등 서서히 활약할 기회가 늘어날 것이다.

2F 1:150

욕실 / 아이방1 / WIC / 아이방2 / 주침실 / 발코니

1F 1:150

주차공간 / 포치 / SIC / 현관 봉당 / 수납 / 팬트리 / 홀 / 부엌 / WIC / 다다미 거실 / 식당 / 스터디 코너 / 우드 데크

부지 면적 144.92m²
연면적 111.37m²

076

미래의 변화에 대처할 수 있도록 최대한 심플하게

공원이나 녹지 등 녹음이 풍부한 환경에서 젊은 가족과 함께 성장해갈 수 있는 주택으로 계획했다.

부지에 남겨진 넓은 여백은 천천히 정원 가꾸기를 즐기기 위해, 심플한 평면은 앞으로 아이의 성장에 맞춰 변화해 나갈 수 있도록. 당장 필요한 것이 무엇인지를 생각해 그에 맞는 장치들을 취합했다.

제반 조건
가족 구성: 부부 + 아이 1명
부지 조건: 부지 면적 192.14m²
          건폐율 40% 용적률 80%
          녹음이 풍부한 주택가에 있는 직사각형의 부지.
          남쪽은 벚나무가 있는 공원. 볕이 잘 들고 통풍도
          잘 된다

건축주의 요구 사항
· 맘대로 유연하게 바꿀 수 있는 집
· 넓은 작업공간
· 공원의 벚꽃을 볼 수 있도록

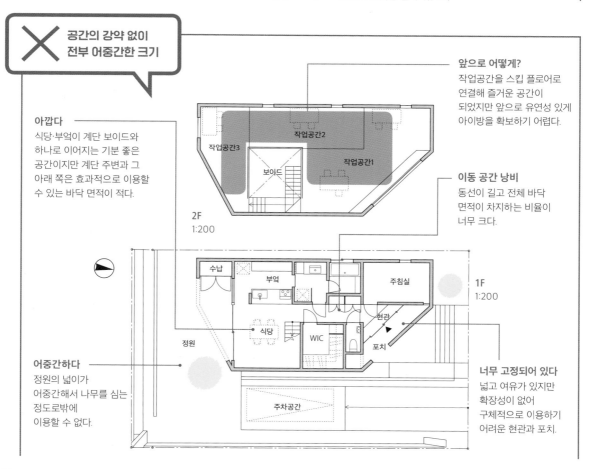

✕ 공간의 강약 없이 전부 어중간한 크기

앞으로 어떻게?
작업공간을 스킵 플로어로 연결해 즐거운 공간이 되었지만 앞으로 유연성 있게 아이방을 확보하기 어렵다.

아깝다
식당·부엌이 계단 보이드와 하나로 이어지는 기분 좋은 공간이지만 계단 주변과 그 아래 쪽은 효과적으로 이용할 수 있는 바닥 면적이 적다.

작업공간3
작업공간2
작업공간1
보이드

2F
1:200

이동 공간 낭비
동선이 길고 전체 바닥 면적이 차지하는 비율이 너무 크다.

수납
부엌
주침실
식당
WIC
현관
포치
정원
주차공간

1F
1:200

어중간하다
정원의 넓이가 어중간해서 나무를 심는 정도로밖에 이용할 수 없다.

너무 고정되어 있다
넓고 여유가 있지만 확장성이 없어 구체적으로 이용하기 어려운 현관과 포치.

가까운 미래에 바꿀 수 있도록
계획된 여백

좌 2층 작업공간에서 계단을 내려다본 모습.
우 2층 작업공간에서 LDK를 본 모습. 중앙에 보이는 흰
상자가 계단의 난간 벽. 2층 중앙 부근에 있어서 LDK와
작업공간을 감각적으로 구획 짓는 역할을 한다.

마음대로
큰 원룸으로 만들어
무엇이든 할 수 있는 가족
공간이다.

단차로 나누다
LDK보다 바닥을 조금
높여 단차를 만들면 원룸
안에서도 다른 장소가 된다.

다목적
여백으로 남쪽(공원 쪽)에
정원을 확보해 손님용 주차
공간이나 아이의 놀이터로
이용한다.

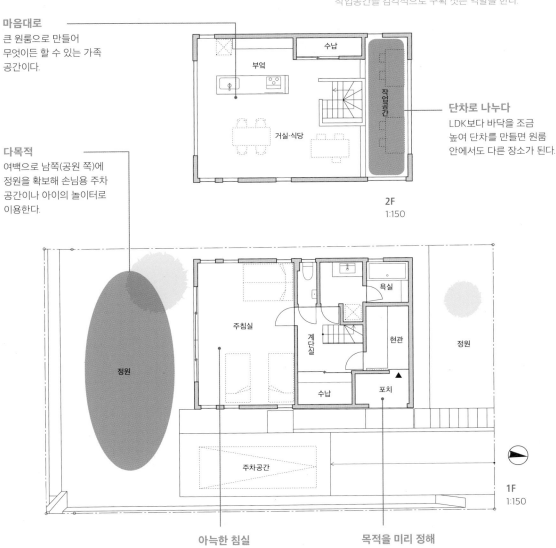

2F
1:150

1F
1:150

아늑한 침실
1층을 사적인 공간으로
정하고 독립적으로 배치해
아늑한 주침실을 만들었다.

목적을 미리 정해
택배 상자나 대형 신발장을
설치할 곳.

| **부지 면적** 192.14m²
| **연면적** 100.46m²

땅의 조건
가변성
채광
타인과의 관계
차경
동선
손님
프라이버시
수납
특수한 방
다세대
임대

077

굵은 느티나무 기둥이 상징, 나무로 둘러싸이다

가까이 사는 부모님과 정원에서 함께 바비큐를 즐기고 싶어 하는 4인 가족의 집.

1층 LDK와 2층 방들은 큰 보이드로 연결했고, LDK는 남북 양쪽의 데크에서 다른 방식으로 즐길 수 있도록 만들었다. LDK의 6각형 느티나무 화장주(化粧柱), 2층 홀의 느티나무 화장보, 거기에 천연목 바닥, 부엌 앞의 허리벽, 나무로 된 거실 계단 외에 욕실과 수납공간의 내장에도 세심하게 신경을 썼다.

제반 조건
가족 구성: 부부 + 아이 2명
부지 조건: 부지 면적 429.78m²
건폐율 60% 용적률 200%
한적한 주택가에 있는 직사각형 부지. 서쪽이 도로와 접해 있다

건축주의 요구 사항
· 부모님과 공유하는 정원
· 넓은 자전거 거치 공간, 취미를 위한 공간.
· 우드 데크와 활짝 열 수 있는 창

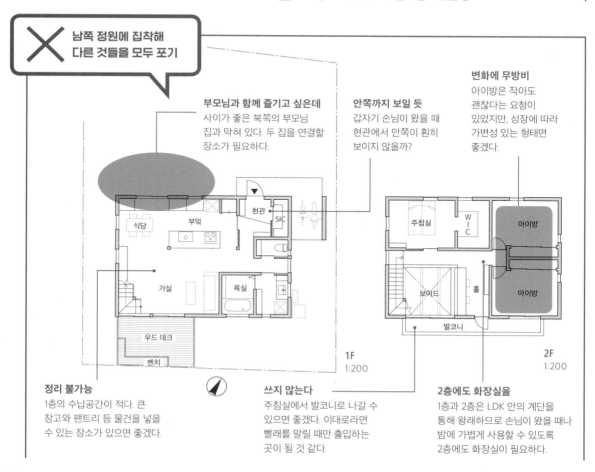

✕ 남쪽 정원에 집착해 다른 것들을 모두 포기

부모님과 함께 즐기고 싶은데
사이가 좋은 북쪽의 부모님 집과 막혀 있다. 두 집을 연결할 장소가 필요하다.

안쪽까지 보일 듯
갑자기 손님이 왔을 때 현관에서 안쪽이 훤히 보이지 않을까?

변화에 무방비
아이방은 작아도 괜찮다는 요청이 있었지만, 성장에 따라 가변성 있는 형태면 좋겠다.

1F 1:200

2F 1:200

정리 불가능
1층의 수납공간이 적다. 큰 창고와 팬트리 등 물건을 넣을 수 있는 장소가 있으면 좋겠다.

쓰지 않는다
주침실에서 발코니로 나갈 수 있으면 좋겠다. 이대로라면 빨래를 말릴 때만 출입하는 곳이 될 것 같다.

2층에도 화장실을
1층과 2층은 LDK 안의 계단을 통해 왕래하므로 손님이 왔을 때나 밤에 가볍게 사용할 수 있도록 2층에도 화장실이 필요하다.

남북 양쪽에 테라스를 설치하다

좌 건물 북쪽 외관.
우 2층의 스터디 코너.
보이드로 향해 있어 개방적이고
밝은 장소.

땅의 조건

가변성

채광

타인과의 관계

차경

동선

손님

프라이버시

수납

특수한 방

다세대

임대

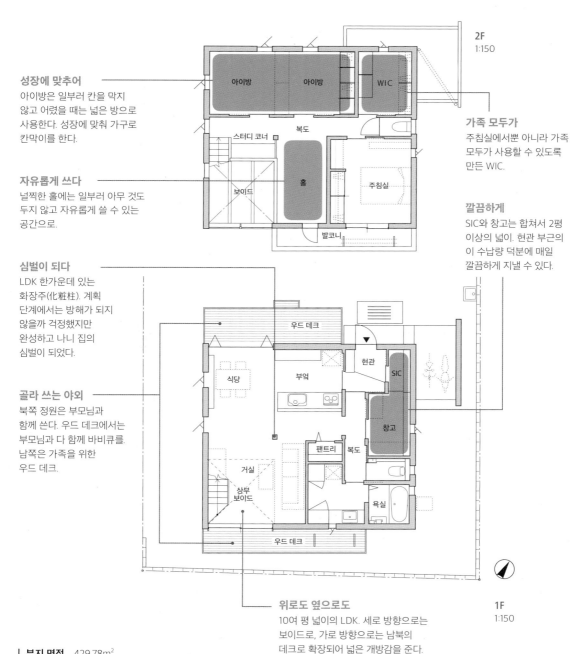

2F
1:150

성장에 맞추어
아이방은 일부러 칸을 막지
않고 어렸을 때는 넓은 방으로
사용한다. 성장에 맞춰 가구로
칸막이를 한다.

가족 모두가
주침실에서뿐 아니라 가족
모두가 사용할 수 있도록
만든 WIC.

자유롭게 쓰다
널찍한 홀에는 일부러 아무 것도
두지 않고 자유롭게 쓸 수 있는
공간으로.

깔끔하게
SIC와 창고는 합쳐서 2평
이상의 넓이. 현관 부근의
이 수납량 덕분에 매일
깔끔하게 지낼 수 있다.

심벌이 되다
LDK 한가운데 있는
화장주(化粧柱). 계획
단계에서는 방해가 되지
않을까 걱정했지만
완성하고 나니 집의
심벌이 되었다.

골라 쓰는 야외
북쪽 정원은 부모님과
함께 쓴다. 우드 데크에서는
부모님과 다 함께 바비큐를.
남쪽은 가족을 위한
우드 데크.

아이방 / 아이방 / WIC / 복도 / 스터디 코너 / 홀 / 보이드 / 주침실 / 발코니

우드 데크 / 현관 / SIC / 식당 / 부엌 / 창고 / 팬트리 / 복도 / 거실 / 상부 보이드 / 욕실 / 우드 데크

위로도 옆으로도
10여 평 넓이의 LDK. 세로 방향으로는
보이드로, 가로 방향으로는 남북의
데크로 확장되어 넓은 개방감을 준다.

1F
1:150

부지 면적 429.78m²
연면적 113.86m²

078

밀집지임에도 먼 미래까지 예상해 짓다

천연석을 많이 사용한 모던하면서도 중후한 분위기. 밖에서는 내부를 알 수가 없어 나중에 보육시설을 개설할 때도 안심이다. 원생이 많아져도 대응할 수 있다.

내부는 큰 보이드를 중심으로 집 전체가 하나의 공간으로. 거실은 높은 벽으로 외부의 시선을 차단한 중정을 향하고 있어 창을 열어둔 채 지낼 수 있다. 2층 발코니에 빨래를 널어도 밖에서든 안에서든 보이지 않아 분위기를 훼손시키지 않는다.

제반 조건
가족 구성: 부부 + 아이 3명 + 금붕어, 햄스터 외
부지 조건: 부지 면적 191.00m²
　　　　　건폐율 60%　용적률 300%
　　　　　임대주택이 많이 들어서 있는 주택 밀집지의 정형
　　　　　모퉁이 땅. 전면도로의 교통량은 적다

건축주의 요구 사항
- 큰 공간에 가족이 함께 지낼 수 있도록
- 나중에 어린이집을 운영하고 싶다
- 다함께 즐길 수 있는 LDK와 혼자가 될 수 있는 서재

 미래를 대비하느라 현재 생활을 방치

현관에서 직행하는 아이방
현관에서 곧장 들어가는 아이방. 부모와 아이의 대화가 없어지고 외출하는 줄도 모른다.

의미가 없다
나중에 어린이집을 운영하는 것이 건축주의 희망인데, 지금은 전용 사무실이 필요치 않으므로 쓸데없는 공간이다.

세탁기가 시끄럽다
침실 옆에 있어서 세탁기 소리가 수면을 방해할 수 있다. 밤중에 목욕을 하는 것도 신경 쓰인다.

너무 작다
가족이 함께 요리를 즐기고 싶은데 한두 명밖에 설 수 없는 부엌.

1F
1:250

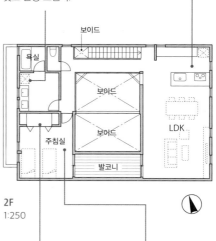

2F
1:250

현관에서 멀다
장을 보고 돌아와 부엌까지 무거운 짐을 들고 계단을 올라야 한다. 집에 돌아오면 바로 짐을 내려놓고 싶다.

너무 적다
이 수납량으로는 부족. 부부 각자의 옷을 금방 찾을 수 없다.

좁지 않을까?
침대 옆에 사이드 테이블을 놓을 공간이 없을 것 같다. 작은 침대밖에 놓을 수 없다.

도로 쪽 외관. 높은 벽에 둘러싸여 내부를 알 수 없다.

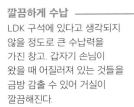

미래를 내다보되 현재의 생활에 충실하도록

다 함께 공부
나란히 작업할 수 있는 스터디 코너. 각자의 방은 잘 때와 혼자가 되고 싶을 때만 사용하므로 자매의 소통도 늘어난다.

넓은 발코니
높은 벽으로 보호되는 발코니. 바깥으로 빨래가 보일까 걱정하지 않아도 되고 아이들의 놀이공간으로도 충분한 넓이다.

연결되는 보이드
LDK의 개방감을 높이고 아이들의 인기척을 느낄 수 있다.

아늑한 서재
아이방과의 사이에 보이드를 끼고 있고 침실과도 연결되는 아늑한 공간.

돌 수 있는 WIC
양쪽에 출입구가 있고 다림질도 하는 공간.

보이드

스터디 코너

아이방1

아이방2

아이방3

아이방4

보이드

보이드

서재

주침실

WIC·가사 코너

발코니

2F
1:150

깔끔하게 수납
LDK 구석에 있다고 생각되지 않을 정도로 큰 수납력을 가진 창고. 갑자기 손님이 왔을 때 어질러져 있는 것들을 금방 감출 수 있어 거실이 깔끔해진다.

넓은 세면실
세탁기와 탈의공간을 분리한 세면실은 깔끔하고 멋있게. 여성 4명도 여유 있게 쓸 수 있다.

거실 경유
현관에서 LDK를 경유해 2층으로 가는 동선이다. 아이가 학교에서 돌아왔을 때 누구와도 만나지 않고 방으로 들어가는 일이 없다.

상부 보이드

욕실

창고

LDK

상부 보이드

홀

중정

SIC

현관

보육실 겸 응접실

현관

주차공간

1F
1:150

보호받는 중정
도로 쪽으로 높은 벽을 세워 바깥의 시선과는 무관. 나중에 어린이집을 연다면 아이들이 안심하고 놀 수 있다.

돌 수 있는 부엌
대가족이 함께 요리를 할 수 있는 아일랜드 키친. 고급스러운 디자인이라 LD와 나란히 있어도 위화감이 없다.

부지 면적 191.00m²
연면적 186.32m²

땅의 조건
가변성
채광
타인과의 관계
차경
동선
손님
프라이버시
수납
특수한 방
다세대
임대

피아노 학원 운영에 대비한 동선

나중에 피아노 학원을 열고 싶다는 요청이 있어 방음실을 갖춘 주택. 교실로서의 기능도 할 수 있도록 화장실·세면대 배치도 배려했다. 현관과 가까운 홀 부분을 넓게 만들어 거주 부분, 응접실, 교실의 동선을 나누었다. LDK에서는 거실과 부엌 사이에 작은 벽을 세워 부엌이 드러나 보이지 않게 했다. 이런 약간의 아이디어로 거실은 DK로부터 분리된 아늑한 공간이 되었다.

제반 조건
가족 구성: 부부
부지 조건: 부지 면적 211.08㎡
　　　　　　건폐율 60% 용적률 200%
　　　　　　큰길에서 조금 들어간 주택가에 있는 직사각형 부지. 북쪽과 서쪽의 2방향에서 도로와 접한다

건축주의 요구 사항
- 방음시스템 갖추기
- 우드 데크를 만들어서 개방적으로
- 작아도 좋으니 서재를

❌ **조건만 채웠을 뿐 생활이 비효율적**

사용하기 어려울 듯
LDK에 덤으로 얹혀 있는 다다미방. 북쪽에만 창이 있어 폐쇄적이며 쓰지 않는 방이 될 것 같다.

안쪽의 안…
복도 안쪽에 있는 주침실 안에 있는 서재. 구석으로 밀려나 있는 느낌.

별로 들어가지 않는다
큰 WIC를 만들었지만 구조가 좋지 않고 수납력이 별로 없다.

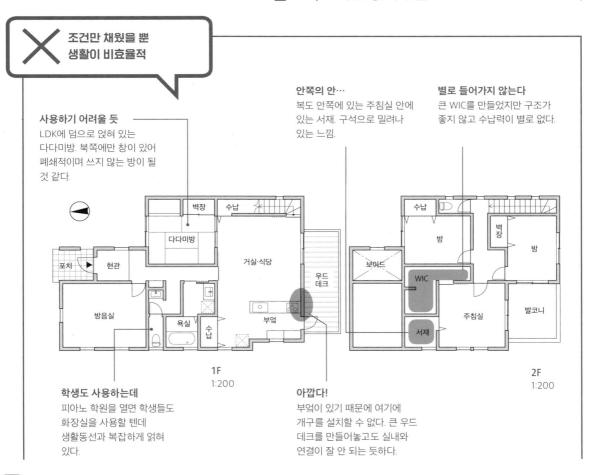

1F
1:200

2F
1:200

학생도 사용하는데
피아노 학원을 열면 학생들도 화장실을 사용할 텐데 생활동선과 복잡하게 얽혀 있다.

아깝다!
부엌이 있기 때문에 여기에 개구를 설치할 수 없다. 큰 우드 데크를 만들어놓고도 실내와 연결이 잘 안 되는 듯하다.

1층 LDK. 부엌과 거실 사이에 작은 벽을 세워 원룸이지만 공간이 분절되면서 각 공간에 안정감을 준다.

공간별 목적을 정확히 예상해 아이디어를 넣다

2F
1:150

탁월한 수납력
WIC도 넓게 만들었지만 그 안쪽에 다락 수납공간을 더 만들었다. 계절용품을 보관할 수 있다.

고립되지 않았다
2층 중앙에 있으며 다른 방과도 가까워서 고립된 느낌이 들지 않는다.

보이드

서재

WIC

다락 수납

주침실

발코니

방

방

교실로서의 동선
나중에 피아노 교실을 열고 싶다는 요청이 있어 현관 옆에 방음실을 만들었다. 화장실을 포함한 학생의 동선을 간결하게 만들어 생활동선과 섞이지 않도록 배려.

응접실의 동선
거실과 하나로 사용할 수 있는 다다미방은 응접실로도 사용할 수 있는 방. 사적인 공간을 지나지 않고 안내할 수 있는 동선을 확보했다.

통풍과 환기
옆집이 붙어 있어서 큰 창을 내기는 어렵지만 통풍을 고려해 슬릿형 창을 설치. 방 전체에 바람이 통한다.

넓은 발코니
널찍한 발코니는 주침실과 방에서 출입할 수 있어 활용하기 좋은 장소. 빨래를 말리기에도 충분한 넓이를 확보했다.

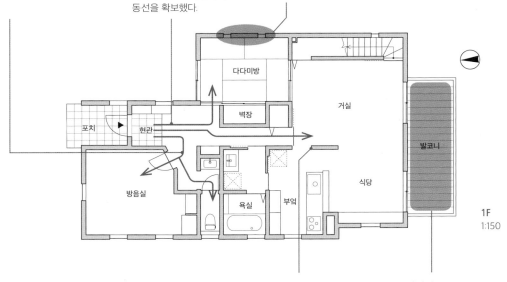

다다미방

벽장

포치

현관

거실

발코니

방음실

욕실

부엌

식당

1F
1:150

작은 아이디어
일부러 벽을 세워서 손님이 왔을 때나 가족들이 쉬는 시간에 방해하지 않고 부엌에서 일할 수 있도록 했다. 공간은 연결되어 있으므로 인기척을 느끼며 각자의 자리에서 지낼 수 있다.

일체감
널찍한 우드 데크로 LDK의 개방감을 연출. 데크로 나가는 바닥창의 앞쪽은 2층으로 올라가는 동선에 해당되며, 이동할 때 보이는 경치가 달라진다.

부지 면적 211.08m²
연면적 144.50m²

땅의 조건
가변성
채광
타인과의 관계
차경
동선
손님
프라이버시
수납
특수한 방
다세대
임대

80

자녀들의 집과 가깝고도 적당한 거리

같은 부지에 3채의 주택을 계획했는데, 이 집은 아버지 한 사람을 위한 콤팩트한 주택. 서북쪽의 딸 집 쪽으로 열리는 목제 새시와 L자형으로 배치된 툇마루, 1m가 넘는 처마 끝이 특징이다.

　침실에서 욕실까지 동선은 휠체어도 사용할 수 있도록 했다. 고향의 오동나무 바닥재, 업무상 관계를 맺었던 미얀마의 티크재 등 마감에도 신경 썼다. 기초 축열식 난방을 도입해 온도 차 없이 쾌적하다.

제반 조건
가족 구성: 1명
부지 조건: 부지 면적 154.20m²
　　　　　건폐율 40% 용적률 60%
　　　　　한적한 주택가 안의 180평. 부지 내에 3.9m의
　　　　　고저 차가 있으며 이곳에 3채의 가족 주택을 지을
　　　　　계획

건축주의 요구 사항
• 차량 5대분의 주차장(자녀 가족분 포함)
• 재료에 특별히 신경 쓰고 싶다
• 온도 차 없는 쾌적한 실내

✕ 자녀 집과의 관계가 정리되어 있지 않다

좀 더 크게
전용 정원과 접해 있는 LDK의 창. 창을 좀 더 크게 만들어 정원을 즐길 수 있으면 좋겠다.

동선이 없다
엘리베이터에서 실내로 들어가는 동선이 확보되어 있지 않다.

쓸데없는 공간
어디에서도 접근이 어려워 불편한 수수께끼 같은 공간. 더욱 효과적으로 이용할 방법을 찾으면 좋겠다.

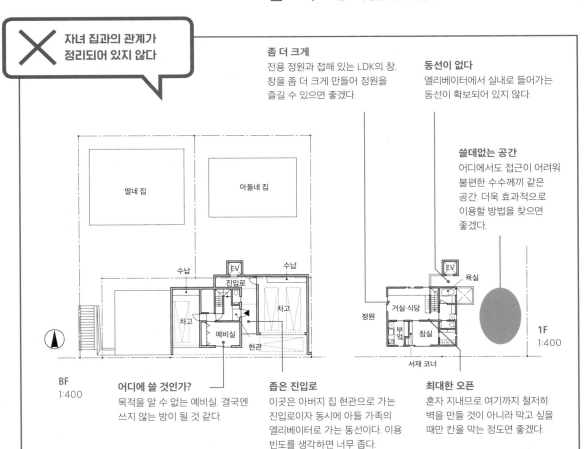

BF
1:400

1F
1:400

어디에 쓸 것인가?
목적을 알 수 없는 예비실. 결국엔 쓰지 않는 방이 될 것 같다.

좁은 진입로
이곳은 아버지 집 현관으로 가는 진입로이자 동시에 아들 가족의 엘리베이터로 가는 동선이다. 이용 빈도를 생각하면 너무 좁다.

최대한 오픈
혼자 지내므로 여기까지 철저히 벽을 만들 것이 아니라 막고 싶을 때만 칸을 막는 정도면 좋겠다.

높이 차 해소,
미래 대비, 자녀 집과의
관계까지

좌 아들의 집에서 본 모습. 왼쪽에 보이는 것은 아들 집의 데크. 아들 집과는 연결 복도로 이어져 있다.
우 거실·식당. 왼쪽에 보이는 창호를 개방하면 침실과 한 공간이 된다.

L자 형태로 개방
전용 정원과 딸네 집 쪽으로 L자 모양의 옥외 툇마루를 두르고 개구부를 배치했다. 큰 개구의 목재 창은 인입식이라 벽에 집어넣으면 정원과 옥외 툇마루·실내가 한 공간이 된다. 옥외 툇마루에는 1.2m의 차양이 걸려 있어 아늑한 분위기를 연출함과 동시에 비와 햇빛을 조절한다.

지창(地窓)으로 채광
남쪽이 도로로 향해 있기 때문에 도로의 시선을 고려해 지창을 달아 적당한 빛만 끌어들이도록 했다.

침실도 오픈 가능
침실과 거실의 칸막이를 창호로 만들어 평소에는 개방한 상태로 원룸처럼 사용한다. 감추고 싶을 때만 칸막이를 한다.

휠체어도 사용 가능
엘리베이터홀은 아들네 집과 연결되는 지붕 달린 복도 앞에 있다. 만에 하나 휠체어 생활을 하게 되더라도 왕래가 가능하도록 큰 미닫이문을 달았다.

평소에는 일체형
화장실은 홀과 세면실 양쪽에서 들어갈 수 있는데, 혼자 생활하는 평상시에는 세면실 쪽의 미닫이를 오픈해 두고 한 공간으로 사용한다. 창호를 빼면 휠체어로도 이용할 수 있다.

옥외 툇마루
부엌
연결 복도
EV
EV 홀
현관
식당
홀
수납
거실
침실
욕실
1F
1:200

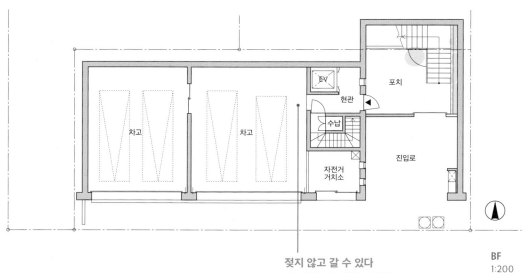

EV
포치
현관
수납
차고
차고
진입로
자전거 거치소
BF
1:200

젖지 않고 갈 수 있다
차고 안을 지나 현관까지 갈 수 있어서 비오는 날에도 그대로 실내로 갈 수 있다.

부지 면적 154.20m²
연면적 72.90m²

땅의 조건
가변성
채광
타인과의 관계
차경
동선
손님
프라이버시
수납
특수한 방
다세대
임대

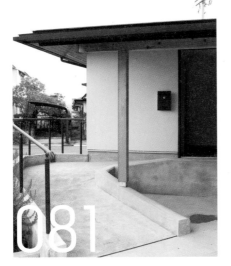

081
휠체어를
사용해도
편리하고
쾌적하게

아내의 다리가 불편해서 추후 휠체어 생활을 할 수 있다는 조건.

아내는 물론이고 함께 사는 다른 가족도 쾌적하고 살기 좋은, 스트레스가 없는 주택을 목표로 했다. 휠체어의 회전 반경을 고려하는 한편, 한정된 넓이 안에서 얼마나 쾌적하게 살 수 있을지가 과제였다. 부엌을 식당 겸용으로 만들고 화장실을 2개 마련하는 등 다 함께 즐겁게 지낼 수 있는 집이 되었다.

제반 조건
가족 구성: 부부 + 아이 1명 + 고양이
부지 조건: 부지 면적 242.54m²
　　　　　건폐율 60%　용적률 80%
　　　　　공원과 운동장이 있는 교외 주택 단지 내의 부지

건축주의 요구 사항
• 휠체어로 생활할 수 있는 단층 또는 중2층의 집
• 고양이도 놀 수 있는 공간
• 장애물 최소화 방안

✕ **휠체어 생활이 어려운 플랜**

답답하다
세면실, 화장실 공간이 답답하다. 넓은 편인 화장실도 휠체어를 이용하기에는 좁다. 또한 고양이의 화장실 공간을 확보하지 못했다. 2개의 화장실 동선이 겹치면서 양쪽 다 동선과 공간이 답답해졌다.

너무 길다
주차장에서 현관까지의 슬로프가 너무 길어서 비장애인의 경우 불편하다.

답답할 것 같다
현관과 홀이 휠체어를 타는 사람과 그렇지 않은 가족이 함께 사용하기에는 답답한 느낌. 수납공간도 충분하지 않고 어중간한 공간이다.

쓸데없이 넓다
WIC가 쓸데없이 넓은 공간을 차지하고 있어 오히려 사용하기 어려운 점도 있다. 향후 침실에 칸막이를 설치하면 침실2가 어둡고 폐쇄적인 공간이 된다.

동선이 겹치다
현관에서 들어오는 동선이 스마트하지 않다. 휠체어 이용자에게는 커브가 많고 공간도 좁다. 게다가 부엌의 동선과 현관의 동선이 겹친다.

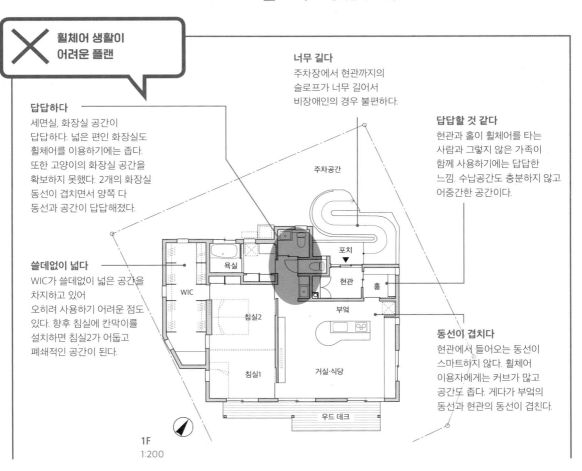

욕실
WIC
침실2
침실1
주차공간
포치
현관
홀
부엌
거실·식당
우드 데크

1F
1:200

가족 모두에게 편리한 아이디어들

좌 넓은 세면실. 왼쪽 문이 넓은 화장실. 안쪽이 작은 화장실.
우 LDK의 식탁을 겸한 부엌.

땅의 조건

가변성

채광

타인과의 관계

차경

동선

손님

프라이버시

수납

특수한 방

다세대

임대

곳곳에 난간
건축주 가족의 물건에 맞춰 수납공간의 넓이를 정했다. 곳곳에 난간을 설치해 안심하고 사용할 수 있다.

벤치를 설치
탈의실과 세면장을 나누고 탈의실에는 벤치를 설치해 옷을 벗을 때의 부담을 줄였다. 세면 화장대를 넓게 만들어 가족이 함께 이용할 수 있다.

나란히 화장실
휠체어로도 사용할 수 있는 화장실을 별도로 만들고 다른 가족이 사용할 수 있는 화장실과 나란히 설치. 다목적 화장실을 여유 있게 만들었으므로 고양이 화장실도 설치 가능.

최단거리로 젖지 않고
처마의 모양을 연구해 차고에서 현관까지 젖지 않고 이동 가능. 슬로프도 필요 최소한으로 만들었다.

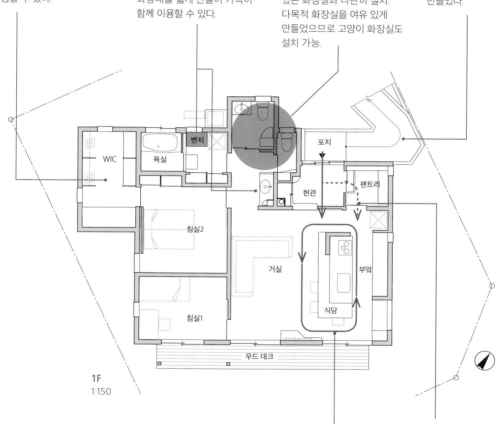

1F
1:150

WIC / 욕실 / 벤치 / 포치 / 현관 / 팬트리 / 침실2 / 거실 / 부엌 / 식당 / 침실1 / 우드 데크

식당을 겸하다
부엌을 동쪽 벽과 평행하게 배치하고 식탁을 겸한 오픈 부엌으로. 부엌 수납공간과 거실공간을 확보했다. 부엌을 아일랜드형으로 만들어 불필요한 이동이 없는 회유동선도 만들었다.

홀을 만들지 않는다
현관은 홀공간을 일부러 만들지 않고 넓은 봉당공간을 확보. 향후 휠체어용 서브 현관으로도 이용할 수 있는 팬트리 공간을 만들었다. 휠체어 이용자와 다른 가족의 현관 동선도 따로 나눌 수 있다.

부지 면적 242.54m²
연면적 93.24m²

082
가림벽을
이용한
야외극장

남쪽 도로와 접해 있는 환경이지만, 야외극장 스크린을 세워 남쪽 정원을 잘 활용한 독특한 주택.

스킵 플로어 구성, 2층을 개방적으로 만드는 보이드와 야외 공간 배치 등으로 남북의 방향과 무관한 풍요로운 채광 환경을 만들었다. 하늘을 보며 올라가는 계단과 부엌을 밝게 비추는 하이사이드 라이트는 꼼꼼한 부지 조사를 통해 나온 결과물이다.

제반 조건
가족 구성: 부부 + 아이 1명
부지 조건: 부지 면적 162.88m²
건폐율 50% 용적률 100%
한적한 주택지. 전면도로의 교통량과 보행자의
수가 많은 편

건축주의 요구 사항
- 부엌 일이 즐거워지도록
- 부부 공통의 취미인 영화를 즐길 수 있는 아이디어
- 아늑한 작은 공간, 아지트가 되는 장소
- 모자이크 타일을 활용한 인테리어

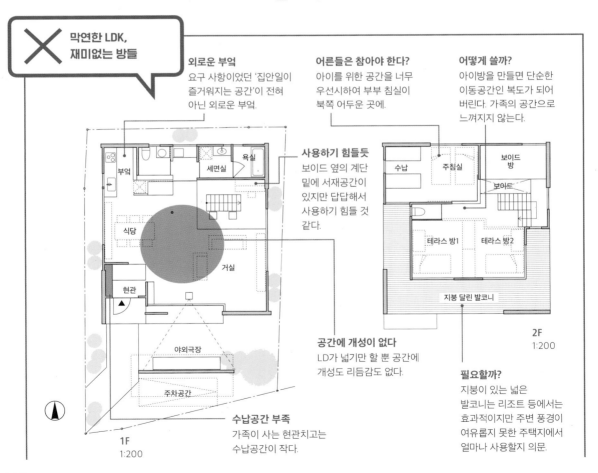

✕ 막연한 LDK, 재미없는 방들

외로운 부엌
요구 사항이었던 '집안일이 즐거워지는 공간'이 전혀 아닌 외로운 부엌.

어른들은 참아야 한다?
아이를 위한 공간을 너무 우선시하여 부부 침실이 북쪽 어두운 곳에.

어떻게 쓸까?
아이방을 만들면 단순한 이동공간인 복도가 되어 버린다. 가족의 공간으로 느껴지지 않는다.

사용하기 힘들듯
보이드 옆의 계단 밑에 서재공간이 있지만 답답해서 사용하기 힘들 것 같다.

부엌
세면실
욕실
식당
거실
현관
야외극장
주차공간

수납
주침실
보이드 방
보이드
테라스 방1
테라스 방2
지붕 달린 발코니

2F
1:200

공간에 개성이 없다
LD가 넓기만 할 뿐 공간에 개성도 리듬감도 없다.

필요할까?
지붕이 있는 넓은 발코니는 리조트 등에서는 효과적이지만 주변 풍경이 여유롭지 못한 주택지에서 얼마나 사용할지 의문.

1F
1:200

수납공간 부족
가족이 사는 현관치고는 수납공간이 작다.

보이드의 효과를 극대화

야외공간으로 나누다
옥외공간을 끼워 넣어 자연스럽게
방과 방 사이에 적당한 거리감을
만들어낸다.

상 보이드와 패밀리 코너.
하 중간층의 창고방 앞 2층으로
올라가는 계단 중간에 있으며 여러
가지를 수납한다.

풍경이 보이는 부엌
북쪽에 있지만 보이드의 톱 라이트
덕분에 밝다. 남쪽 정원의 풍경과
생활 풍경 전체가 보여서 집안일이
즐거워지는 부엌. 욕실과도 가깝고
가사동선도 편리.

취미를 즐기다
주차공간과 건물 쪽을 구분하는
벽을 세워 도로의 시선을 차단하는
동시에 뒤쪽을 야외극장으로 이용.
거실에서 즐길 수 있다.

부지 면적 162.88m²
연면적 132.31m²

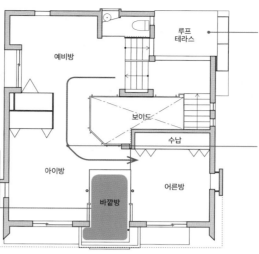

예비방

루프
테라스

보이드

수납

아이방

어른방

바깥방

2F
1:150

M2F
1:150

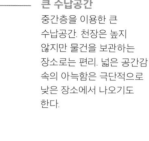

수납

창고방

북쪽에서 빛
부지를 조사해 하늘로
시야가 트이는 장소를 찾아
루프 테라스를 만들었다.
하이사이드 라이트로 북쪽의
빛이 들어와 하늘을 보며
계단을 오르내릴 수 있다.

보이드를 돌아
어른방으로는 집 중앙의
보이드를 돌듯이 지나
들어간다. 보이드 상부에 톱
라이트가 있어 집 안쪽까지
밝다.

큰 수납공간
중간층을 이용한 큰
수납공간. 천장은 높지
않지만 물건을 보관하는
장소로는 편리. 넓은 공간감
속의 아늑함은 극단적으로
낮은 장소에서 나오기도
한다.

뒷문

부엌

욕실

탈의실

식당

패밀리 코너

거실

수납

현관

야외극장

주차공간

1F
1:150

충분한 수납
욕실에 충분한 수납공간을
확보했다. 탈의실을 닫을
수 있게 만들어 누군가가
목욕 중일 때도 화장실이나
세면실을 편하게 사용할 수
있다.

넓은 공간 안에
계단 밑이긴 하지만 LDK의
한 귀퉁이에 설치한 패밀리
코너는 가족 누구나 부담
없이 사용할 수 있는 공간.

넓은 현관
수납량까지 확보한 현관은
문을 전부 개방할 수 있어서
안팎의 관계가 가깝다.
열어두면 개방감과 함께
다양한 활동이 가능하다.

083

하이사이드에서 빛을 떨어뜨려 환한 깃대 부지

화가인 아내의 아틀리에를 겸한 넓고 큰 현관 봉당이 특징인 주택. 1층 아틀리에는 상부를 보이드로 만들어 안쪽까지 빛이 닿는 밝고 개방적인 장소가 되었다.

2층의 경사 천장은 구조인 보와 서까래를 노출시켜 나무에 둘러싸인 듯한 분위기를 낸다. 천장면이 남쪽으로 높아지기 때문에 2층에도 하이사이드 라이트의 빛이 안쪽까지 닿아 하루 종일 밝고 아늑하다.

제반 조건

가족 구성: 부부
부지 조건: 부지 면적 88.26m²
　　　　　건폐율 50%(일부 60%) 용적률 80%(일부 160%)
　　　　　이웃집으로 둘러싸인 협소한 깃대 모양의 부지.
　　　　　남동쪽으로 다소 트여 있다

건축주의 요구 사항

- 아틀리에 확보
- 고요한 은둔 장소
- LDK는 넓고 개방적으로

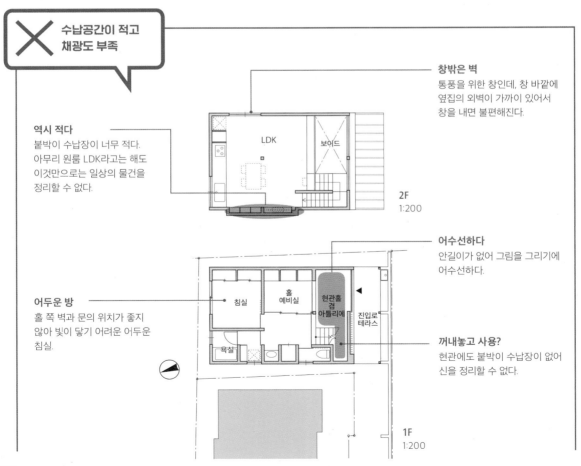

✕ 수납공간이 적고 채광도 부족

창밖은 벽
통풍을 위한 창인데, 창 바깥에 옆집의 외벽이 가까이 있어서 창을 내면 불편해진다.

역시 적다
붙박이 수납장이 너무 적다. 아무리 원룸 LDK라고는 해도 이것만으로는 일상의 물건을 정리할 수 없다.

LDK
보이드

2F 1:200

어두운 방
홀 쪽 벽과 문의 위치가 좋지 않아 빛이 닿기 어려운 어두운 침실.

침실
홀 예비실
현관홀 겸 아틀리에
진입로 테라스
욕실

어수선하다
안길이가 없어 그림을 그리기에 어수선하다.

꺼내놓고 사용?
현관에도 붙박이 수납장이 없어 신을 정리할 수 없다.

1F 1:200

겸용 현관홀

좌 계단에서 본 봉당과 현관홀. 보이드 위의 창을 통해 빛이 비쳐든다.
우 2층 LDK. 오른쪽에 보이는 것이 은둔공간. 남쪽의 하이사이드 라이트에서 밝은 햇살이 들어온다.

땅의 조건

가변성

채광

타인과의 관계

차경

동선

손님

프라이버시

수납

특수한 방

다세대

임대

하이사이드를 통한 빛
2층 LDK는 북쪽의 부엌 앞에 창이 있는 게 전부지만 남쪽에 하이사이드 라이트를 설치해 실내를 밝게 만든다.

안쪽까지 빛을
현관홀 겸 아틀리에의 상부를 보이드로 만들었다. 보이드를 통해 1층 안쪽까지 빛을 보낼 수 있다.

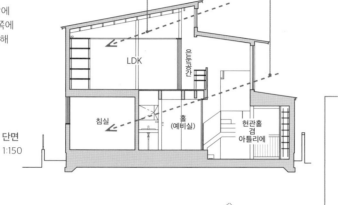

단면
1:150

LDK

은둔공간

침실

홀
(예비실)

현관홀
겸
아틀리에

때로는 혼자서
미닫이문을 닫으면 혼자가 될 수 있는 은둔공간. 뭔가에 집중하고 싶을 때 누구나 사용할 수 있는 장소. 문을 여닫는 것만으로 방을 연결하거나 나눌 수 있으므로 사용하지 않을 때는 LDK와 하나로 쓸 수 있다.

2F
1:150

LDK

은둔공간

보이드

오르락내리락
보이드 방향으로 계단을 배치해 1층과 2층을 오르내릴 때 즐겁다.

깔끔하게
원룸 LDK. 벽면에 붙박이 수납장을 설치함으로써 잡다한 물건들을 깔끔하게 수납할 수 있다.

1F
1:150

욕실

침실

홀
(예비실)

현관홀
겸
아틀리에

수납 수납

겸하면서 나누다
넓은 현관홀이자 아내의 아틀리에. 기능을 겸하여 효과적으로 공간을 사용하면서 수납공간도 확보. 실내로 가는 동선을 정리하면 명확한 구분 없이도 작업공간과 동선이 자연스럽게 구별된다. 봉당은 현관에서 일직선으로 길게 통하기 때문에 답답하지 않다.

부지 면적 88.26m²
연면적 71.12m²

084

단층집과 중정의
비용 상승을
평면 연구로 해결

'단층집으로 짓고 싶지만 공사비가 너무 비싸다'는 고민을 해결하기 위해 큰 지붕 속에 2층을 넣었다. 중정도 건물과 '담'을 일체가 되게 만들어 비싼 중정 공사를 외관 공사로 저렴하게 해결했다.

2개의 삼각 지붕을 조합한 심플한 형태는 각도에 따라 다른 표정을 보여주면서 맞은편 공공시설의 시선은 차단한다. 삼각 지붕을 활용한 높은 경사 천장은 개방적이면서도 아늑한 거실을 만들어냈다.

제반 조건

가족 구성: 부부 + 아이 1명
부지 조건: 부지 면적 299.45m^2
건폐율 60% 용적률 200%
농지를 택지로 변경한 평탄한 토지. 남쪽 도로
건너편에 큰 공공시설이 있으며 전면도로의
교통량이 많다

건축주의 요구 사항

• 중정이 있는 단층집
• 심플한 삼각지붕
• 현관에서 방이 보이지 않도록

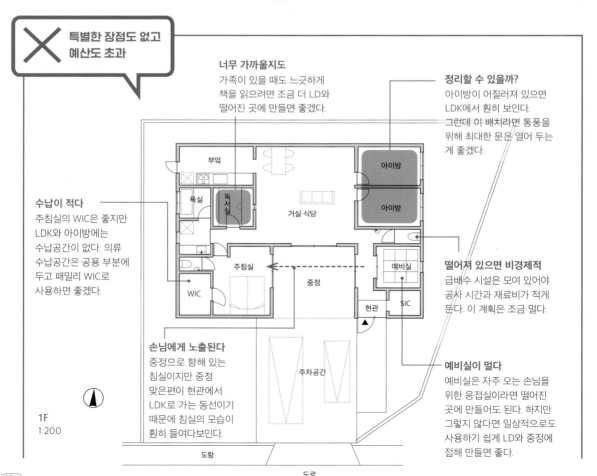

✕ 특별한 장점도 없고
예산도 초과

너무 가까울지도
가족이 있을 때도 느긋하게
책을 읽으려면 조금 더 LD와
떨어진 곳에 만들면 좋겠다.

정리할 수 있을까?
아이방이 어질러져 있으면
LDK에서 훤히 보인다.
그런데 이 배치라면 통풍을
위해 최대한 문을 열어 두는
게 좋겠다.

수납이 적다
주침실의 WIC은 좋지만
LDK와 아이방에는
수납공간이 없다. 의류
수납공간은 공용 부분에
두고 패밀리 WIC로
사용하면 좋겠다.

떨어져 있으면 비경제적
급배수 시설은 모여 있어야
공사 시간과 재료비가 적게
든다. 이 계획은 조금 멀다.

손님에게 노출된다
중정으로 향해 있는
침실이지만 중정
맞은편이 현관에서
LDK로 가는 동선이기
때문에 침실의 모습이
훤히 들여다보인다.

예비실이 멀다
예비실은 자주 오는 손님을
위한 응접실이라면 떨어진
곳에 만들어도 된다. 하지만
그렇지 않다면 일상적으로도
사용하기 쉽게 LD와 중정에
접해 만들면 좋다.

1F
1:200

부엌 / 욕실 / 독서실 / 거실·식당 / 아이방 / 아이방 / 주침실 / 중정 / 예비실 / WIC / 현관 / SIC / 주차공간

도랑

도로

◎ 요구와 비용을
동시에 만족시키다

상 건물 외관의 야경. 큰 삼각
지붕이 L자 모양으로 엮여 있고
나무 담장이 중정을 만들어준다.
하 1층 LDK. 큰 지붕을 이용한
흰색 보이드 공간에 인상적인
보가 교차하고 있다.

2층이 있는 단층집?
법령상으로는 2층집이지만 다락에
방이 있는 것으로 해석해 건축 면적을
줄였다. 결과적으로 지붕 공사·기초
공사·외벽 공사의 면적이 줄어
공사비가 줄어들었다.

단면
1:200

비밀기지처럼
아이방은 어질러져 있어도
LDK에서 보이지 않는 2층에
배치. 다락방 분위기를 느낄 수
있는 천창을 채택해 비밀기지
같은 방으로.

큰 지붕을 활용
LD 상부는 큰 지붕의 경사
천장이라 개방적인 보이드로.

적당한 거리감
요구 사항이었던 독서실을
2층에 배치. LD를 내려다볼
수 있도록 작은 창을 내서
인기척을 느끼면서도 독서에
전념할 수 있는 거리감을
만들어냈다.

2F
1:200

공용공간을 통해서
WIC를 가족 모두가 사용하는
공용공간에 만들었다.

'수도' 관련 시설을 모으다
급배수 설비를 서쪽으로 모아서
여기저기 흩어져 있는 것보다
공사비가 저렴해졌다.

디자인과 맞춘 창
도로와 남쪽의 시설에서 보이지
않는 위치에 창을 만들었다.
단순한 창이 아니라 외관의
디자인과도 융합시킨 창이다.

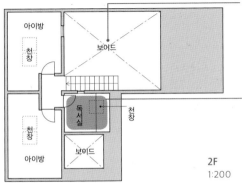

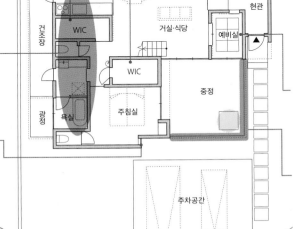

2WAY SIC
현관문을 연 정면에 큰 SIC를
배치. SIC는 바로 앞에서
들어가 홀을 지나기 때문에
내현관으로도 사용할 수 있으며
현관에 신발이 흩어져 있을
일이 없다.

예비실로 곧장 들어가다
현관을 L형 동선으로 만들어
현관 봉당에서 예비실로 직접
출입할 수 있다. 응접실로도
이용 가능.

담으로 중정을 만들다
건물을 L형 평면으로 만들고
나무 담장을 둘러 중정을
만들었다. 담은 주침실에서 아이
스톱(eye stop) 되어 아늑한
경치를 침실에 가져다준다.
'담'을 사용한 중정은 공사비
절약에도 기여.

1F
1:200

부지 면적 299.45㎡
연면적 112.10㎡

땅의 조건
가변성
채광
타인과의 관계
차경
동선
손님
프라이버시
수납
특수한 방
다세대
임대

085

경사 천장의 큰 보이드로 위아래를 연결

건축주가 어머니와 둘이 사는 집. 애초에 거실과 식당을 2층에 제안했지만, 장차 나이 드신 어머니가 계단을 오르내리기가 어려워질 것이라 생각해 거실과 식당을 1층으로 옮겼다. 어머니의 생활·가사동선을 1층에 집약함으로써 장애물을 최소화했다. 서로의 침실을 1층과 2층으로 나누어 각자의 사생활도 존중된다.

제반 조건
가족 구성: 어머니 + 건축주
부지 조건: 부지 면적 153.70m²
　　　　　　건폐율 60% 용적률 150%
　　　　　　한적한 주택가의 모퉁이 땅

건축주의 요구 사항
- 차고가 있으면
- 거실은 밝게
- 따뜻한 LDK
- 피아노를 맘껏 치고 싶다

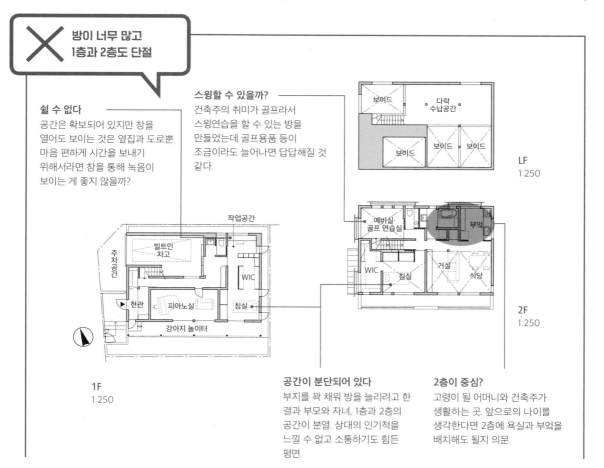

✕ 방이 너무 많고 1층과 2층도 단절

쉴 수 없다
공간은 확보되어 있지만 창을 열어도 보이는 것은 옆집과 도로뿐. 마음 편하게 시간을 보내기 위해서라면 창을 통해 녹음이 보이는 게 좋지 않을까?

스윙할 수 있을까?
건축주의 취미가 골프라서 스윙연습을 할 수 있는 방을 만들었는데 골프용품 등이 조금이라도 늘어나면 답답해질 것 같다.

1F
1:250

작업공간 / 빌트인 차고 / 주차공간 / WIC / 현관 / 피아노실 / 침실 / 강아지 놀이터

LF
1:250

보이드 / 다락 수납공간 / 보이드 / 보이드

2F
1:250

예배실·골프 연습실 / 부엌 / WIC / 침실 / 거실 / 식당

공간이 분단되어 있다
부지를 꽉 채워 방을 늘리려고 한 결과 부모와 자녀, 1층과 2층의 공간이 분열. 상대의 인기척을 느낄 수 없고 소통하기도 힘든 평면.

2층이 중심?
고령이 될 어머니와 건축주가 생활하는 곳. 앞으로의 나이를 생각한다면 2층에 욕실과 부엌을 배치해도 될지 의문.

생활의 중심은 1층,
취미실을 공유

좌 도로 쪽 외관.
우 1층의 모습. 어머니의
침실은 부엌 뒤편에 있으며
보이드의 넓은 공간은
공동의 취미공간으로
사용된다.

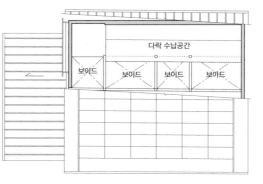

LF
1:200

효과적인 공간 분할
두 사람의 공간을 1층과
2층으로 나누어 프라이버시를
확보하는 한편, 보이드로 연결해
인기척을 느낄 수 있다. 지붕의
모양을 살린 경사 천장은
공간의 입체감을 만들어주고
개방감도 높여준다.

유지·보수용 & 건강 기구
창을 유지·보수하기 위한
브리지. 몸을 움직이기
좋아하는 건축주가
'구름사다리'로도 이용할 수
있다.

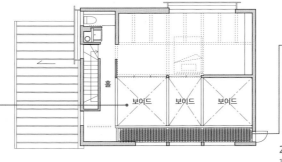

2F
1:200

과감하게 넓은 공간으로
부지의 넓이 때문에 공간을
잘게 나누기 쉽지만 과감하게
넓은 공간으로 사용할 수
있도록 플래닝. 칸막이를 하지
않고 시각적 공간감을 느끼며
느긋한 시간을 보내기 적합한
널찍한 공간을 확보했다.

변화를 주다
잠만 자는 방은 북쪽
구석으로. 취미인 피아노
연주와 독서는 정원의
녹음이 보이는 특등석으로.
집에 있는 시간이 긴
어머니에게 딱 맞는
공간으로.

생활공간을 1층에 모으다
고령의 어머니를 생각해
1층에서 생활할 수 있도록
욕실과 부엌을 1층에 배치.

1F
1:200

특별히 신경 쓴 빌트인
방의 수를 줄인 만큼 여유가 생겨
계단의 큰 창을 통해 주차된 차를 볼
수 있는 경사 천장의 빌트인 차고를
만들 수 있었다.

부지 면적 153.70m²
연면적 133.83m²

땅의 조건
가변성
채광
타인과의 관계
차경
동선
손님
프라이버시
수납
특수한 방
다세대
임대

086

중앙의 보이드에서 빛이 쏟아지는 취미실

'개방적이고 밝은 집을 갖고 싶다'는 부부의 요청으로 만들어진 건강 주택.

공법은 충전 단열 + 벽체 내의 곰팡이를 억제하는 벽체 내 통기 공법을 채택. 거실 중앙부에 스켈레톤 계단과 보이드를 배치하고 큰 창을 통해 밝은 빛을 끌어들였다. 개방감을 살리는 천장고는 거실이 3m, 부엌은 2.55m. 아이가 들어오면 곧바로 욕조와 세탁기로 갈 수 있어 집안일이 편해지는 점도 포인트.

제반 조건

가족 구성: 부부 + 아이 2명 + 개
부지 조건: 부지 면적 217.94m²
건폐율 40% 용적률 80%
한적한 주택지 안의 사다리꼴 부지. 북쪽이 도로와 접한다

건축주의 요구 사항

- 모든 방을 밝고 개방적으로
- 가사동선을 고려해 효율적으로 작업할 수 있도록
- 취미실을 만들고 싶다

✕ 나열된 방, 의미없는 보이드

빨래가 큰일
세탁기에서 건조까지의 동선이 고려되지 않았고 걷은 빨래를 정리하는 공간도 멀다.

의미 없는 보이드
북쪽 현관홀 상부의 보이드. 여기가 밝아봐야 의미가 없다.

1F
1:200

2F
1:200

혼잡한 동선
세면대로 가기 위해 좁은 부엌 통로를 지나야 하며, 요리 등 부엌에서 일하는 사람도 왕래하므로 매우 비좁다.

소리가 신경 쓰일 수도
주침실 이외의 3개의 방 중 어디를 취미실(마작방)로 하든 다른 방과 접하게 되고 여닫이문이 부딪치는 소리 때문에 괴로울 것이다.

스켈레톤 계단으로
개방감을 배가하다

1층 거실. 스켈레톤 계단, 계단 주위의 큰 보이드, 그리고 새하얀 벽·바닥·천장으로 밝고 큰 공간이 되었다.

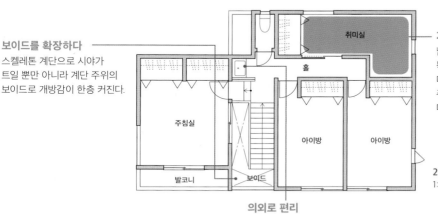

보이드를 확장하다
스켈레톤 계단으로 시야가 트일 뿐만 아니라 계단 주위의 보이드로 개방감이 한층 커진다.

거리를 두다
남편의 취미방인 마작실을 2층 북쪽에 배치. 화장실을 포함한 다른 방에는 최대한 피해를 주지 않도록 배려. 출입구는 미닫이문으로 달았다.

취미실

홀

주침실

아이방

아이방

발코니

보이드

2F
1:150

의외로 편리
화장실 밖에 세면대를 설치. 화장실을 쓴 후에나 2층 수돗가로 편리하게 쓸 수 있다. 마작하러 온 손님에게도 유용하다.

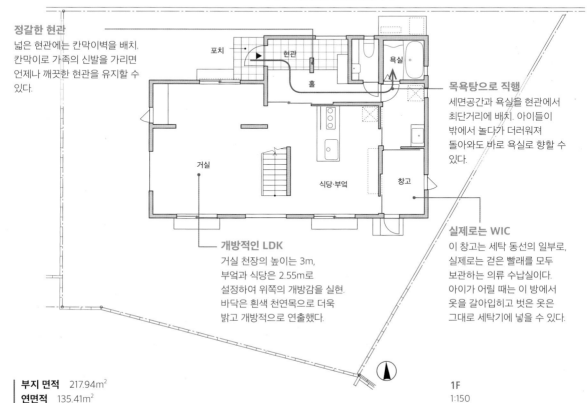

정갈한 현관
넓은 현관에는 칸막이벽을 배치. 칸막이로 가족의 신발을 가리면 언제나 깨끗한 현관을 유지할 수 있다.

포치

현관

욕실

홀

목욕탕으로 직행
세면공간과 욕실을 현관에서 최단거리에 배치. 아이들이 밖에서 놀다가 더러워져 돌아와도 바로 욕실로 향할 수 있다.

거실

식당·부엌

창고

개방적인 LDK
거실 천장의 높이는 3m, 부엌과 식당은 2.55m로 설정하여 위쪽의 개방감을 실현. 바닥은 흰색 천연목으로 더욱 밝고 개방적으로 연출했다.

실제로는 WIC
이 창고는 세탁 동선의 일부로, 실제로는 걷은 빨래를 모두 보관하는 의류 수납실이다. 아이가 어릴 때는 이 방에서 옷을 갈아입히고 벗은 옷은 그대로 세탁기에 넣을 수 있다.

부지 면적 217.94m²
연면적 135.41m²

1F
1:150

땅의 조건

가변성

채광

타인과의 관계

차경

동선

손님

프라이버시

수납

특수한 방

다세대

임대

087

볕이 잘 드는 따뜻한 지그재그 플랜

전후(戰後)에 지어진 옛날 집을 재건축. 3대의 5인 가족이 산다. 추웠던 옛 집과 달리 따뜻한 집으로 만들어달라는 요청이 있어 OM솔라 난방 방식을 채택했다. 가족들도, 자주 방문하는 친척들도 모두 편하게 지낼 수 있는 넓은 거주 공간에 OM솔라 바닥 난방과 장지문, 맹장지 등의 창호를 이용해 난방 상태를 세밀하게 조절할 수 있다.

제반 조건
가족 구성: 부부 + 아이 2명 + 어머니
부지 조건: 부지 면적 691.78m²
　　　　　건폐율 40% 용적률 80%
　　　　　조용한 주택가에 위치하며 4m 도로와 접해 있는 평탄지

건축주의 요구 사항
• 주변 친구들이 정원으로 편히 드나들 수 있도록
• 차고(2대분) + 손님용 1대 + 취미인 자전거 거치 공간
• 많은 사람이 모일 수 있는 공간의 여유
• 세면실, 탈의실, 세탁기 자리를 나누고 싶다
• 거실 한 모퉁이라도 좋으니 다다미 코너가 있었으면

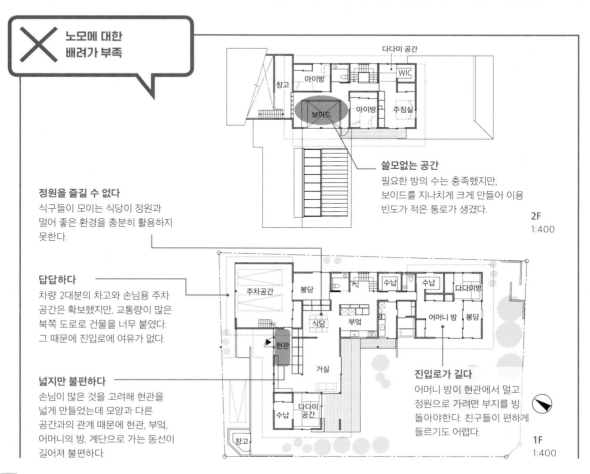

✕ 노모에 대한 배려가 부족

쓸모없는 공간
필요한 방의 수는 충족했지만, 보이드를 지나치게 크게 만들어 이용 빈도가 적은 통로가 생겼다.

2F
1:400

정원을 즐길 수 없다
식구들이 모이는 식당이 정원과 멀어 좋은 환경을 충분히 활용하지 못한다.

답답하다
차량 2대분의 차고와 손님용 주차 공간은 확보했지만, 교통량이 많은 북쪽 도로로 건물을 너무 붙였다. 그 때문에 진입로에 여유가 없다.

넓지만 불편하다
손님이 많은 것을 고려해 현관을 넓게 만들었는데 모양과 다른 공간과의 관계 때문에 현관, 부엌, 어머니의 방, 계단으로 가는 동선이 길어져 불편하다.

진입로가 길다
어머니 방이 현관에서 멀고 정원으로 가려면 부지를 빙 돌아야한다. 친구들이 편하게 들르기도 어렵다.

1F
1:400

어머니 방을 이웃과 가까이

지그재그로 이어지는 거실과 식당. 바깥의 데크도 지그재그로 연결되어 있다.

아래층의 인기척을 느끼다
1층 어머니의 방 옆에 작은 보이드를 설치. 야간에도 2층에서 어머니의 인기척을 느낄 수 있다.

다목적 플레이 룸
볕이 잘 드는 장소에 다목적 공간을 마련. 아이가 어릴 때는 놀이터와 공부하는 곳으로 사용하고 성장한 후에는 세컨드 거실로 활용할 수 있다.

2F
1:250

손님맞이
현관 봉당을 넓게 만들고 전실(前室) 같은 다다미방을 마련했다. 맹장지와 장지문으로 공간을 나눌 수 있으며 손님을 응대할 때도 유용하게 쓰인다.

뒷동선 겸 수납공간
차고와 복도로 곧장 연결되는 현관 봉당은 창고이자 가족용 뒷동선이다. 손님용 현관은 항상 깨끗하게 정리된 상태로 유지할 수 있다.

충실한 팬트리
집에서 재배한 야채와 손수 만든 장아찌 등의 식품을 보관하기 위해 팬트리를 마련. 크고 작은 2대의 냉장고도 놓을 수 있을 정도로 수납력이 뛰어나다. 식당의 물건들을 정리할 수 있다.

1F
1:250

접근하기 쉽게
근처에 친구가 많은 어머니의 방을 정원 쪽의 문과 가까운 장소에 배치. 넓은 툇마루를 통해 쉽게 출입할 수 있다.

지그재그로 연결
어머니의 방, 거실, 식당이 지그재그로 이어진다. 모두 남쪽 정원으로 개방되어 있어 2면 채광이 가능하므로 밝고 개방적. 칸막이가 적은 넓은 공간을 OM 솔라로 따뜻하게 만든다.

수납 기능
곧게 뻗은 복도의 벽면에 카운터 수납장을 설치. 열쇠나 가방, 서류 등을 두는 곳으로 귀가 시나 외출 시에 편리.

부지 면적 691.78m²
연면적 271.57m²

088

환자도
간병인도
마음 편하게

도심지에 지어진 부부와 고령의 어머니를 위한 2세대 주택. 주변에는 마을 공장과 아파트 등 신구 건물이 혼재한다. 부지는 사다리꼴이며 기존의 안채가 있다. 어머니를 간병하기 편한 공간, 가족 간의 프라이버시 확보, 시공하는 동안 어머니가 거처를 옮기지 않고 기존의 본채에 지내는 것이 요구사항이었다. 변형 부지에 건물의 평면을 변형시켜 복도식 봉당을 만듦으로써 지역과 건축주의 기억을 잇는 집을 만들고자 했다.

제반 조건

가족 구성: 부부 + 어머니
부지 조건: 부지 면적 206.48m^2
　　　　　건폐율 60% 용적률 200%
　　　　　도로와 접하는 정면 폭이 좁은 사다리꼴 토지.
　　　　　주위에는 마을 공장과 아파트가 혼재한다.

건축주의 요구 사항

- 기존 건물에 살면서 계획을 진행
- 간병하기 쉬운 집으로
- 밝고 개방적인 공간으로

✕ 사생활을 보호하지 못하고 답답하기도

비 맞는 차고
비 오는 날에는 차를 타고 내릴 때 젖을 것이다.

동선이 나쁘다
현관에서 어머니의 방까지 동선이 길고 거실과 LDK를 지나야 한다.

애초에 어긋나다
안채를 헐고 새로 짓는 계획은 어머니가 임시로 거처를 옮겨야 하기 때문에 부담이 크다.

어중간한 테라스
LDK 앞에 있는 테라스는 좁고, 동쪽에 있는 정원과의 관계도 희박하다.

사생활 문제
간병하기에는 좋지만 부부 침실과 어머니의 방이 가까워 사생활이 보호되지 않는다.

1F
1:200

2F
1:200

마음 편하면서도
적당한 거리

좌 어머니 방의 내부 모습. 정면 위로 보이는 것이 재활용한 창호.
우 거실에서 복도식 봉당 방향을 본 모습. 창이 달린 벽이 겹겹이 겹쳐져 있다.

추억의 창호
기존 가옥의 창호를 어머니 방 상부에 재사용. 2층에서 어머니의 모습을 들여다볼 수 있다.

거리를 만들다
2층 부부 침실까지 가는 길고 완만한 경사의 계단. 긴 계단으로 어머니 방과의 거리를 두어 사생활을 보호한다.

안길이를 만들다
복도식 봉당과 보이드를 막고 있는 벽에 창을 달았다. 통풍과 채광을 위한 것인 동시에 가림벽과 창이 서로 겹쳐지면서 공간에 안길이가 생긴다.

비에 젖지 않는다
침실 아래를 필로티로 만들어 비오는 날에도 차를 타고 내릴 때 젖지 않는다.

복도식 봉당
휠체어 동선을 고려하여 현관에서 어머니 방까지를 복도식 봉당으로 만들었다.

계획적으로 진행하다
기존 안채를 남기고 나머지 부지 안에 우선 신축. 이사를 마친 후 기존 안채를 해체하여 정원으로 만들었다.

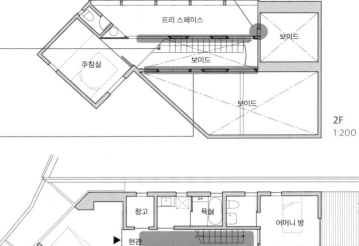

2F
1:200

1F
1:200

부지 면적 260.48m²
연면적 105.27m²

땅의 조건

가변성·

채광

타인과의 관계

차경

동선

손님

프라이버시

수납

특수한 방

다세대

임대

089

바깥 계단으로 면적을 늘린 완전 분리형 2세대 주택

약 32평 부지에 재건축하는 3층짜리 완전 분리형 2세대 주택. 1층에는 부모 세대, 2층과 3층에는 자녀 세대가 들어간다. 다른 취미와 기호를 반영해 완전 분리형으로 만들었다. 재건축 전의 집의 어두운 실내와 취약한 내진성 해결도 중요한 조건이었다.

바깥 계단을 설치해 세대별로 독립된 현관을 만든 것이 가장 큰 특징이다. 내부 계단을 없애 1층의 면적을 확보했고 방 배치에도 여유가 생겼다.

제반 조건
가족 구성: 부모 세대(부부) + 자녀 세대(부부 + 아이 1명)
부지 조건: 부지 면적 107.05m²
　　　　　 건폐율 60%　용적률 160%
　　　　　 북쪽이 도로와 접해 있는 남북으로 긴 형상.
　　　　　 세 방향이 이웃집으로 둘러싸여 있고 동쪽에만 햇볕이 들어올 여유가 있다

건축주의 요구 사항
· 세대 간 소리가 전달되지 않도록
· 통풍, 채광, 단열성 확보
· 부엌의 쓰레기를 편하게 버릴 수 있도록

✕ 불완전한 세대 분리

좁아진다!
중앙 계단(中階段)은 법적인 면적에 계산되므로 1층의 면적을 확보할 수 없다. 방은 주침실 하나를 간신히 확보할 수 있다.

생활 소음
주차 공간 때문에 공용 현관이 집의 중앙에 배치될 수밖에 없는데, 출입할 때 소리가 1층 부모님 집까지 들린다.

작다!
면적 경쟁을 하느라 1층 욕실이 작아졌다.

아깝다
동쪽의 이웃집은 조금 떨어져 있어 1층에서도 채광이 가능한 조건이므로 이곳에 욕실을 두기는 아깝다.

개방감뿐
2층 거실의 보이드는 위로 넓기만 하다. 이왕에 보이드를 만든다면 위층 공용 공간과 연결되면 좋겠다.

1F
1:200

주차공간 / 포치 / 주침실 / 현관봉당 / 옷장 / SIC / 욕실 / 데크 / 거실 / 부엌·식당 / 다다미 코너 / 데크

2F
1:200

서재 / 욕실 / 부엌·식당 / 루프 발코니 / 거실 / 상부 보이드 / 수납 / 수납 / 지붕

3F
1:200

옷장 / 옷장 / 아이방 / 옷장 / W / 주침실 / 발코니 / 지붕 / 보이드 / 로프트 / 지붕

현관을 1층과 2층으로
나누어 공간을 넓게

상하층 연결
2층 거실과 3층 공용부분을
잇는 보이드. 공간적으로 넓을 뿐
아니라 가족의 인기척을 전달하는
보이드다.

벤치 겸용
강화 유리로 만든 벤치는 1층
거실에 빛을 떨어뜨리는 톱 라이트
역할을 한다. 벤치를 북쪽으로
붙여 설치해 태양의 고도가 낮은
겨울에도 직사광선이 1층으로
비쳐든다.

생활을 나누다
두 집이 현관을 각각 만들어 생활
스타일과 시간대가 다른 세대
간의 트러블을 미연에 방지. 바깥
계단은 1층 침실과 먼 곳에 설치해
소음 문제도 피했다.

면적 확보
위층으로 가는 진입로를
건축 면적에 들어가지 않는
바깥계단으로 만들어 필요 면적을
확보했다. 특히 1층의 부모님 집은
그 덕분에 2개의 방을 만들 수
있었다.

부지 면적 107.05m²
연면적 160.45m²

3F
1:200

수납
아이방
서재
WIC
보이드
홀
발코니
침실

2F
1:200

욕실
SIC
홀
세탁공간
현관
부엌
거실
식당
루프
발코니
벽장

1F
1:200

주차공간
SIC
현관
침실
홀
침실
욕실
데크
거실
부엌·식당
다다미
코너
데크

서재 코너

상 2층 LDK. 3층과 연결되는
보이드로 개방감 충만.
중 1층 거실 사진 위쪽 중앙에
보이는 것이 2층 발코니에 만든 톱
라이트. 작은 톱 라이트지만 1층에
많은 양의 빛을 보낸다.
하 2층 발코니를 내려다본 모습.
강화 유리 벤치가 톱 라이트가
된다.

시야에서 없애다
두 세대 모두 번잡해 보이는
부엌이 거실에서 직접 보이지
않도록 위치를 잡았다. 1층에는
데크 공간이, 2층에는 서비스
발코니가 있으므로 냄새가
골칫거리인 음식물 쓰레기를
이곳에 잠시 두기도 한다.

땅의 조건
가변성
채광
타인과의 관계
차경
동선
손님
프라이버시
수납
특수한 방
다세대
임대

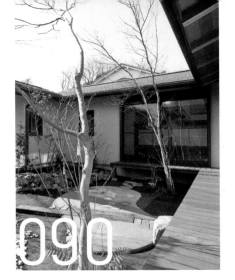

090

중앙의 굵은 기둥이 집을 받쳐주는 3대가 사는 집

굵은 기둥과 굵은 대들보가 인상적인, '가족 모두가 느긋하게 쉴 수 있는 거실'을 원해 시작된 집짓기. 현관과 욕실을 공동으로 사용하며, 큰 기둥과 계단을 포함한 보이드가 있는 개방적인 공간에 3세대가 산다. 현관을 남쪽으로 배치해 툇마루 느낌이 나는 복도가 생겼고 서로의 인기척을 느낄 수 있다. 창호에 아이디어를 넣어 침대 위에서도 정원을 볼 수 있다. 또한 손자의 키에 맞춘 개구부(장지문)를 설치하는 등 소통을 위한 장치도 재미있다.

제반 조건
가족 구성: 부모님 + 부부 + 아이 1명
부지 조건: 부지 면적 273.40m²
　　　　　 건폐율 50% 용적률 100%
　　　　　 한적한 주택가의 사다리꼴 부지. 동쪽이 도로와
　　　　　 접하고 있다

건축주의 요구 사항
· 자녀 세대가 사는 2층에 미니 키친
· 욕실과 화장실 모두 자연광으로 밝게
· 2대분의 주차 공간, 악기를 연주할 방음실 등

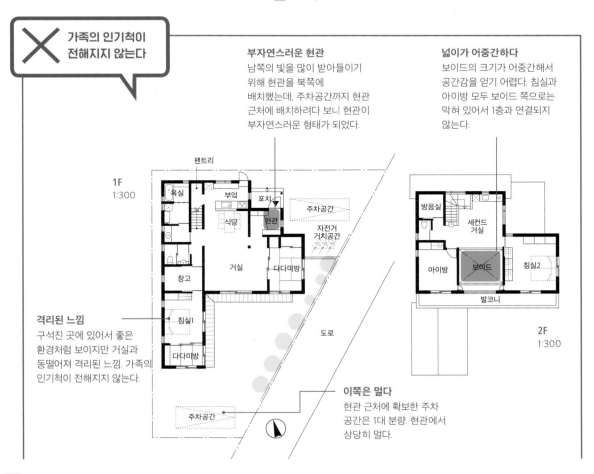

✕ 가족의 인기척이 전해지지 않는다

부자연스러운 현관
남쪽의 빛을 많이 받아들이기 위해 현관을 북쪽에 배치했는데, 주차공간까지 현관 근처에 배치하려다 보니 현관이 부자연스러운 형태가 되었다.

넓이가 어중간하다
보이드의 크기가 어중간해서 공간감을 얻기 어렵다. 침실과 아이방 모두 보이드 쪽으로는 막혀 있어서 1층과 연결되지 않는다.

1F 1:300

팬트리 / 욕실 / 부엌 / 식당 / 포치 / 현관 / 주차공간 / 자전거 거치공간 / 거실 / 다다미방 / 창고 / 침실1 / 다다미방 / 주차공간

도로

격리된 느낌
구석진 곳에 있어서 좋은 환경처럼 보이지만 거실과 동떨어져 격리된 느낌. 가족의 인기척이 전해지지 않는다.

이쪽은 멀다
현관 근처에 확보한 주차 공간은 1대 분량. 현관에서 상당히 멀다.

2F 1:300

방음실 / 세컨드 거실 / 아이방 / 보이드 / 침실2 / 발코니

큰 보이드와
회유동선으로 화합

좌 침실1과 다다미방2.
미닫이의 중간층에 있는
장지문을 열고 손자가 얼굴을
내민다.
우 LDK와 보이드. 거실은
보이드로 된 넓은 공간 굵은
기둥이 상징적.

[2F 평면도]

세컨드 거실 / 방음실 / 옷장 / 아이방 / 보이드 / 침실2 / 캣워크

2F
1:250

보이드로 밝게
보이드는 1층 거실과 2층 방의
인기척을 이어주며 보이드
상부의 하이사이드 라이트를
통해 빛이 쏟아져 내린다.
하이사이드 라이트 부분에는
캣워크가 있어서 개폐도
자유롭고 효과적이다.

부엌을 돌다
부엌을 중심으로 하는
회유동선으로 가사동선이
짧아지고 가사 작업이 편해졌다.

뒷동선의 편리함
복도와 거실을 지나지 않고
화장실이나 욕실로 갈 수 있는
동선을 확보. 손님이 왔을 때도
편하게 화장실에 갈 수 있다.

이웃과 부담 없이
현관이 아닌 곳으로 출입할 수
있는 옥외 툇마루. 친한 이웃은
이곳을 통해 편하게 방문한다.
나중에 승강기를 달면 여기서부터
휠체어로도 출입이 가능하다.

[1F 평면도]

욕실 / 부엌 / 식당 / 다다미방1 / 자전거 거치공간 / WIC / 거실 / 건조공간 / 침실1 / 복도 / 다다미방2 / 홀 / 현관 / 포치 / 도로 / 주차공간

1F
1:250

부지를 효과적으로 이용
남은 삼각형 부분을
건조장으로. 도로 쪽에 나무
울타리를 세우면 바깥의
시선이 차단되는 것은 물론이고
거실에서도 보이지 않는다.

툇마루 느낌
여름에는 정원의 나무가 우거져
햇빛을 차단하는 툇마루 느낌의
복도. 침실 창호는 중간층의
장지를 여닫을 수 있도록 특별
주문한 것. 햇빛과 함께 거실에
있는 가족과의 거리를 조절할
수 있다.

부지 면적 273.40m²
연면적 183.20m²

땅의 조건 · 가변성 · 채광 · 타인과의 관계 · 차경 · 동선 · 손님 · 프라이버시 · 수납 · 특수한 방 · 다세대 · 임대

091

벚꽃을 맘껏 즐기는 환한 2세대 주택

인근 공원의 벚꽃을 즐길 수 있는 2세대 주택. 건물 기초와 일체화한 옹벽으로 진입로를 도로와 같은 높이로 만들어 주차공간을 확보하고 고령의 부모님도 단차 없이 2층으로 들어갈 수 있도록 계획했다.

개방적인 공간으로 만들어 거실은 물론이고 입구에서도 벚꽃을 감상할 수 있다. 1층의 퍼블릭 공간도 밝고 개방적인 공간으로 만들었다. 1층은 계단을 중심으로 쉐어 하우스처럼 방을 배치했다.

제반 조건
가족 구성: 부모 + 부부 + 아이 3명
부지 조건: 부지 면적 145.17m²
　　　　　건폐율 70% 용적률 160%
　　　　　한적한 주택가 안의 정형지. 2방향으로 도로와
　　　　　접하는데, 주요 도로보다 2.4m 낮다. 인근 공원에
　　　　　큰 벚나무가 있다

건축주의 요구 사항
- 부모님의 인기척을 느낄 수 있도록
- 벚꽃과 공원의 녹음을 집 안에서도 느끼고 싶다
- 밝은 실내 공간

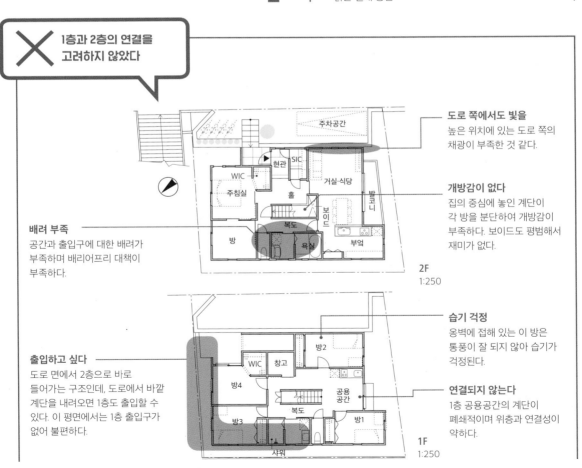

✕ 1층과 2층의 연결을 고려하지 않았다

도로 쪽에서도 빛을
높은 위치에 있는 도로 쪽의 채광이 부족한 것 같다.

개방감이 없다
집의 중심에 놓인 계단이 각 방을 분단하여 개방감이 부족하다. 보이드도 평범해서 재미가 없다.

배려 부족
공간과 출입구에 대한 배려가 부족하며 배리어프리 대책이 부족하다.

습기 걱정
옹벽에 접해 있는 이 방은 통풍이 잘 되지 않아 습기가 걱정된다.

출입하고 싶다
도로 면에서 2층으로 바로 들어가는 구조인데, 도로에서 바깥 계단을 내려오면 1층도 출입할 수 있다. 이 평면에서는 1층 출입구가 없어 불편하다.

연결되지 않는다
1층 공용공간의 계단이 폐쇄적이며 위층과 연결성이 약하다.

땅의 조건

가변성

채광

타인과의 관계

차경

동선

손님

프라이버시

수납

특수한 방

다세대

임대

중심의 빛으로
아래위층을 연결하다

좌 1층 공용공간. 보이드를 통해 밝은 빛이 떨어진다.
우 2층 LDK. 도로 쪽에서도 하이사이드 라이트를 통해 빛이 들어온다.

중심의 빛
보이드를 크게 만들어 상부 톱 라이트를 통해 빛이 온 집 안에 돌아다니게 했다. 유리 패널 칸막이로 LDK까지 빛을 보낼 수 있고, 홀에서 발코니 너머 공원의 벚꽃도 볼 수 있다. 또한 보이드를 통해 1층과의 일체감을 얻을 수 있다.

하이사이드 라이트를 통해
경사 천장으로 만들고 하이사이드 라이트를 설치하여 도로 쪽에서도 빛을 끌어들인다.

공간을 확보
화장실, 세면실, 욕실 모두 유효 치수를 재검토하여 휠체어로도 사용할 수 있는 공간을 확보. 욕실까지 포함해서 출입구는 모두 미닫이.

주차공간

SIC

현관

WIC

거실·식당

발코니

주침실

홀

보이드

방

복도

욕실

부엌

2F
1:200

바람이 통하다
수납 위치를 연구하다가 봉당 쪽으로 창을 설치해 2방향으로 개구를 만들었다. 바람이 잘 통한다.

봉당 공간

방2

WIC

창고

위쪽과도 연결
계단 벽을 없애고 보이드도 크게 만들어 상부 톱 라이트의 빛이 1층까지 떨어지도록 했다.

방4

수납

공용 공간

방3

현관 2

방1

1F
1:200

부지 면적 145.17m²
연면적 145.10m²

1층에도 현관
2층 현관과 별도로 1층에도 현관을 만들어 1층으로도 직접 출입할 수 있도록 했다.

092

친밀하게 독립적으로, 7인 가족의 집

2개의 단독 세대를 합친 것 같은 주택. 4인 가족인 자녀 세대는 수직적 생활동선을 도입하여 2층에 각자의 방을 만들고 1층에는 LDK를 확보. 3인 가족인 부모님 집은 생활동선을 가로로 만든 단층집 형식. WIC를 제대로 설치해 수납공간도 충실하다.

욕실과 부엌을 공유하며 보이드로 서로의 인기척을 주고받는다. 두 세대 총 7명이 상호 관계를 맺으며 즐겁게 살면서 프라이버시도 유지할 수 있는 주거공간이다.

제반 조건
가족 구성: 자녀 세대(부부 + 아이 2명) + 부모 세대(부모 + 형)
부지 조건: 부지 면적 551.96m²
　　　　　건폐율 70% 용적률 240%
　　　　　전원지대에 있는 조용한 주택지. 북쪽과 동쪽에서 도로와 접한다. 서쪽에는 수로가 있다

건축주의 요구 사항
- 계단은 LDK를 경유하도록
- 우드 데크, 다다미가 있는 공간 등

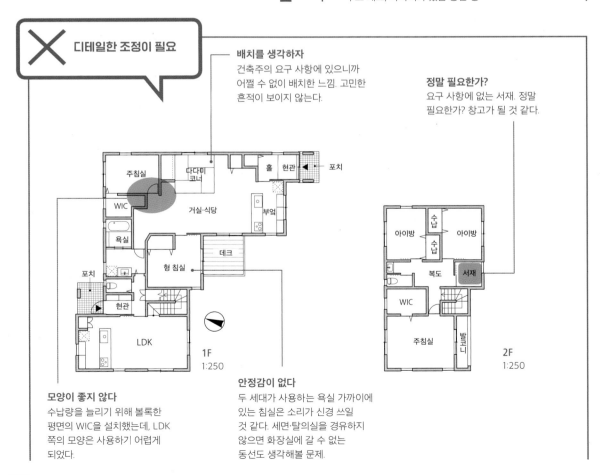

✕ 디테일한 조정이 필요

배치를 생각하자
건축주의 요구 사항에 있으니까 어쩔 수 없이 배치한 느낌. 고민한 흔적이 보이지 않는다.

정말 필요한가?
요구 사항에 없는 서재. 정말 필요한가? 창고가 될 것 같다.

모양이 좋지 않다
수납량을 늘리기 위해 볼록한 평면의 WIC을 설치했는데, LDK 쪽의 모양은 사용하기 어렵게 되었다.

안정감이 없다
두 세대가 사용하는 욕실 가까이에 있는 침실은 소리가 신경 쓰일 것 같다. 세면·탈의실을 경유하지 않으면 화장실에 갈 수 없는 동선도 생각해볼 문제.

1F 1:250

2F 1:250

각자 사생활을 보호해주며 함께 사는 재미

좌 서브 포치 쪽 외관.
우 1층 다다미 코너. 보이드를 통해 2층과 연결되며 가족들이 모이는 장소다.

2F
1:250

가족을 이어주다
1층 LDK와 연결된 보이드. 이 보이드를 통해 아래층에 있는 가족의 인기척을 느낄 수 있어 2층 방에 있어서도 고립되지 않는다.

여기서 한꺼번에
WIC 안에 카운터를 설치해 다림질도 할 수 있는 가사 코너를 만들었다. 걷은 세탁물은 여기서 개고 다림질해 그대로 수납한다.

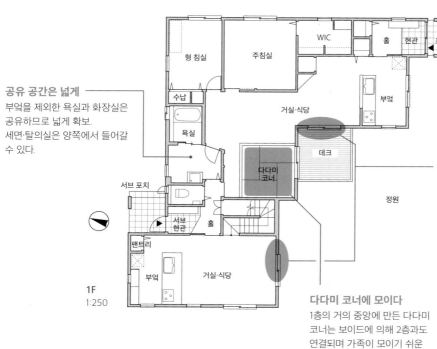

1F
1:250

공유 공간은 넓게
부엌을 제외한 욕실과 화장실은 공유하므로 넓게 확보. 세면·탈의실은 양쪽에서 들어갈 수 있다.

어느 쪽이든 좋다!
1층의 두 LDK 모두 정원이 보이는 위치에 큰 창을 배치. 다른 각도에서 보이는 정원은 각 LDK를 왔다 갔다 하면서 봐도 신선하다.

다다미 코너에 모이다
1층의 거의 중앙에 만든 다다미 코너는 보이드에 의해 2층과도 연결되며 가족이 모이기 쉬운 장소. 코너에 만들어 평소 사용하기도 편하다.

| **부지 면적** 551.96m² |
| **연면적** 183.84m² |

땅의 조건
가변성
채광
타인과의 관계
차경
동선
손님
프라이버시
수납
특수한 방
다세대
임대

093

옛것과 새것을 조화롭게, 농가 리모델링

거주는 어머니 혼자. 건축주의 장남은 오래된 농가를 남기고 싶다는 생각과 현대적인 공간에 대한 동경 사이에서 흔들리고 있었다. 그래서 쇼와시대 (1926~89년)에 개조한 부분은 철거하고 메이지시대 (1868~1912년)의 형태로 복원하는 한편 기능적인 생활을 할 수 있도록 제안했다. 신구를 조화시키려 애썼다. 복원은 설계 전 조사에만 6개월이 걸렸다.

제반 조건

가족 구성: 부부 + 어머니 (부부는 다른 건물에 거주)

부지 조건: 부지 면적 2456.00m²

　　　　　건폐율 7.2% 용적률 7.2%

　　　　　평탄하고 광활한 부지

건축주의 요구 사항

* 기존 건물을 최대한 남겼으면 좋겠다
* 욕실은 최신 설비로
* 우물물과 천연가스를 이용

✕ 신구의 혼재 방식이 얼렁뚱땅

어울리지 않는다
어머니의 방은 WIC도 있고 욕실로도 직접 갈 수 있어 편리할 것 같다. 하지만 호텔 방 같아서 옛날 농가에는 어울리지 않을 것 같다.

유닛 배스
본채 안에 욕실을 만든다면 토대를 손상시키지 않도록 유닛 배스를 선택해야 한다.

망치다
아파트풍의 아일랜드 키친과 식당. 현대적이지만 농가의 장점을 망친다.

왜 여기에?
모든 방에서 먼 화장실. 자주 오지 않는 손님용 화장실인가?

1F
1:200

설비 주변을 가리고
옛 것의 장점을 드러내다

좌 건물 외관. 오른쪽의 움푹
들어간 부분이 새 현관.
우 거실과 안쪽의 홀은
미닫이문을 열어두면 하나의
공간이 된다.

숨기듯이
증축한 RC조의 욕실 건물은 본채에 숨기듯 배치.
본채에서 좁은 복도를 지나 여관의 별채로 들어가듯
욕실로 들어간다. 욕실에는 채광과 환기를 위해
커다란 개구를 설치하고 가림벽을 세웠다.

보이지 않도록
현대적인 시설이 있는 식당과
부엌은 농가의 장점이 훼손되지
않도록 건물 뒤쪽에 배치했다

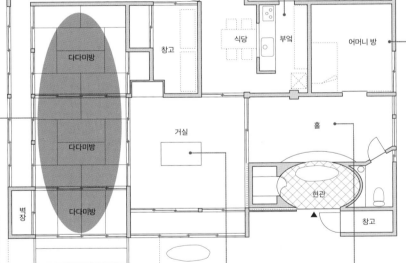

일부러 작게
넓은 주택이므로 방이 넓을
필요가 없다. 앞으로 최고령기를
맞게 될 어머니의 방은
화장실과 가까운 위치에 일부러
작게 만들었다.

1F
1:150

그대로 남기다
집주인이 남기기를 원했던
다다미방들은 기존의 상태로
남아 있다.

복원과 신설
준공 당시의 형태로 복원.
반면에 생활하기 편하도록 호리
코타츠를 새로 만들었다.

봉당에서 홀로
원래 봉당이었던 부분은 큰 홀로. 농작물의 상자
포장 작업을 하거나 거실 쪽의 미닫이문을 벽으로
집어넣어 하나의 공간으로 사용하는 등 다목적으로
이용.

부지 면적 2456.00m²
연면적 175.18m²

땅의 조건

가변성

채광

타인과의 관계

차경

동선

손님

프라이버시

수납

특수한 방

다세대

임대

094

주말이면 모두 모이는 4대 7인 가족의 집

생활 시간대가 서로 다른 4대가 현관과 욕실을 같이 쓰는 2세대 주택. 서로 신경 쓰지 않고 지내지만 인기 척은 느낄 수 있고, 주말이면 모여서 식사를 할 수 있 도록 만들었다.

부지 형태 때문에 비스듬한 벽이 생긴 욕실은 폐쇄 적인 공간이 되지 않도록 계획. 외부 공간도 진입로, 주차장, 자전거 거치공간, 건조공간 등 각각에 역할 을 부여했다. 할머니의 방은 거실에서 적당히 떨어져 있지만 가족들의 출입을 알 수 있는 밝은 공간이다.

제반 조건
가족 구성: 부모 세대(할머니 + 부모) + 자녀 세대(부부 +
　　　　　아이 2명) + 고양이
부지 조건: 부지 면적 306.04m²
　　　　　건폐율 60% 용적률 160%
　　　　　한적한 주택가의 사다리꼴에 가까운 모양

건축주의 요구 사항
• 현관과 욕실은 2세대가 공유
• 주말에는 1층에서 다 함께 식사를 하고 싶다
• 수납공간은 결혼 때 산 장롱 자리까지 포함해서 충분히

✕ 개별 방들 배치에만 신경을 썼다

부자연스러운 형태
현관이 답답할 것 같은 부자연스러운 형태이며 1층 LDK와도 자연스럽게 연결되지 않는다. 현관에 누가 와도 모른다.

배치가 좋지 않다
세면실과 화장실의 관계가 어중간해서 아침에는 사람들의 출입이 뒤섞여 혼잡할 것 같다.

어수선하다
할머니 방이 LDK와 너무 가까워 어수선하다. 남쪽에서 빛이 들어오지 않으며 화장실도 할머니 전용이 되어버린다.

느긋하게 쉴 수 없다
LDK와 마주보고 있는 주침실에서는 휴일에도 푹 쉬기 어려울 것 같다.

당분간은 창고?
처음부터 개인 방으로 만든 아이방. 아이가 어릴 때는 '열리지 않는 방'이 되지 않을까?

2F
1:300

1F
1:300

도로

부지에 적합한 평면 형상을 고안하다

좌 1층의 할머니 방. 이웃들이 부담 없이 창으로 얼굴을 내민다.
우 1층 LD와 다다미방.

바람이 통하다
2층은 통풍을 고려해 남북으로 바람이 통하도록 창과 미닫이문을 배치. 미닫이를 열어두면 기분 좋은 바람이 지나간다.

지금은 널찍하게
아이방은 나중에 칸을 막을 수 있도록 되어 있지만 당분간은 오픈된 넓은 놀이터로. 북쪽의 안정적인 빛이 방 안에 가득 찬다.

[2F 평면도: 아이방1, 아이방2, 부부 침실, 상부 보이드, 식당2, 거실2, 부엌2, 건조 공간, 발코니]
2F
1:250

감추기 & 모으기
부엌 옆에 벽을 세워 거실 쪽에서는 부엌 안이 훤히 들여다보이지 않도록 한다. 이 벽에 스위치와 컨트롤러 등을 모아서 설치했기 때문에 한곳에서 여러 가지 조작을 할 수 있다.

원활한 세탁 동선
세탁실을 건조장 옆에 설치하여 세탁 후 바로 말릴 수 있다. 세탁실에 걸은 빨래를 잠시 놓아둘 수 있어 작업 효율도 뛰어나다.

언제든지 사용 가능
욕실은 공용으로 사용하기 때문에 누군가가 목욕 중이더라도 세면실을 쓸 수 있도록 탈의실을 별도로 만들었다.

다 같이 식사
평일에는 1, 2층으로 나뉘어 살아도 주말이면 4대가 모여 1층 식당에서 식사. 그래서 커다란 식탁을 준비했다.

멀지도 가깝지도 않게
할머니 방은 현관 옆의 조금 떨어진 곳에 위치. LDK와 멀지도 가깝지도 않은 조용한 방이다. 도로에서 창가로 바로 들를 수 있으므로 근처의 친구도 가벼운 마음으로 방문할 수 있다. 화장실도 방 바로 옆에 있다.

혼례 가구도 보관
넓은 창고를 만들어 혼례 가구 같은 소중한 가구도 보관할 수 있다.

[1F 평면도: 부엌1, 식당1, 창고, 건조공간, 부모님 방, 거실1, 다다미방, 복도, 홀, 욕실, 현관, 할머니 방, 포치, 주차공간, 도로]

부지 면적 306.04m²
연면적 199.40m²

1F
1:250

095

휠체어로
살기 좋은 집은
모두가
살기 좋다

휠체어 생활을 하는 남편이 가족 모두가 스트레스 없이 행복하게 지낼 수 있는 집을 원했다.

북쪽에 절벽이 있는 부지로, 건축주가 과거에 토사 재해를 경험한 적이 있기 때문에 최대한 절벽에서 떨어진 곳에 남쪽 햇살을 받아들일 수 있도록 건물을 배치했다. 휠체어가 다닐 수 있는 유효 치수를 확보하면서 건물 안팎을 사용한 회유동선을 만들었고, 그것이 가족들이 사용하기 편리한 생활동선이 되도록 배려했다.

제반 조건
가족 구성: 부부 + 아이 1명 + 어머니
부지 조건: 부지 면적 853.36m²

건폐율 60% 용적률 200%
남쪽을 흐르는 강 안쪽으로 산지가 이어지며 강을
따라서는 도로와 논밭이 이어지는 농촌 지역

건축주의 요구 사항
- 과거에 토사 재해를 입은 적이 있어 최대한 남쪽에 건설
- 현관과 욕실은 공용이지만 2세대 주택으로
- 휠체어를 타고 집안일을 함께

✕ 휠체어 생활의 기본을 무시했다

프라이버시 문제
장애인의 눈높이에서는 침실에서 화장실~욕실까지의 일직선 동선이 좋게 보이지만, 같이 사는 가족에게는 세면·탈의실에서의 프라이버시가 지켜지지 않는다. 휠체어를 이용할 수 있는 화장실 넓이도 확보되지 않았다.

바람이 흐르지 않는다
북쪽에 욕실과 수납공간을 배치했기 때문에 남북 방향으로 바람이 흐르지 않는다.

휠체어를 모른다
휠체어로는 방향을 바꾸는 동작이 부담스럽기 때문에 회유성이 중요한데, 이 상태로는 회유성이 좋지 않고 휠체어의 동선이 복잡해진다. 또한 어머니의 생활동선이 고립되었다.

멀고 배려가 부족하다
주차장에서 현관까지의 거리가 길다. 어머니가 낮 시간에 쉬는 공간인 다다미방 앞을 지나가는 진입로는 프라이버시에 대한 배려가 부족하다.

WIC
방
2F
1:200

옷장
주침실
욕실
현관
어머니 방
거실·식당
부엌
현관
다다미방
우드 데크
포치
1F
1:200

휠체어의 회유동선이 가족의 생활동선

1층 침실 쪽에서 본 거실·식당. 경사 천장의 삼나무 판자, 벽의 회반죽 등 자연 소재로 된 공간을 상쾌한 바람이 지나간다.

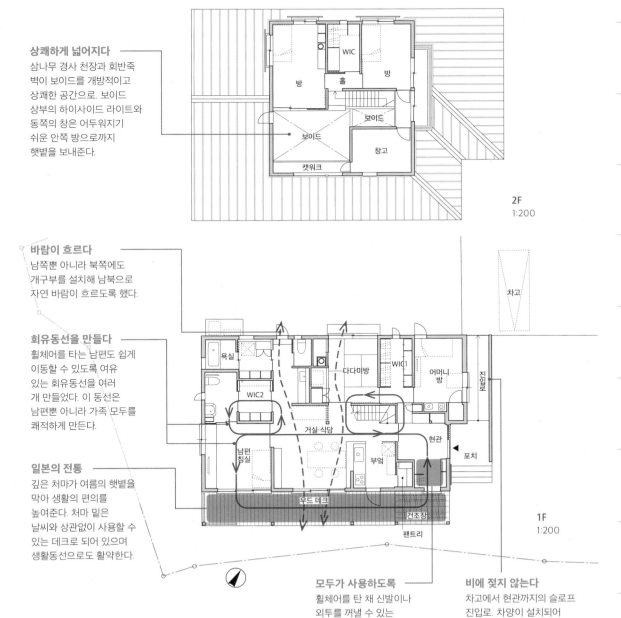

상쾌하게 넓어지다
삼나무 경사 천장과 회반죽 벽이 보이드를 개방적이고 상쾌한 공간으로. 보이드 상부의 하이사이드 라이트와 동쪽의 창은 어두워지기 쉬운 안쪽 방으로까지 햇볕을 보내준다.

2F
1:200

바람이 흐르다
남쪽뿐 아니라 북쪽에도 개구부를 설치해 남북으로 자연 바람이 흐르도록 했다.

회유동선을 만들다
휠체어를 타는 남편도 쉽게 이동할 수 있도록 여유 있는 회유동선을 여러 개 만들었다. 이 동선은 남편뿐 아니라 가족 모두를 쾌적하게 만든다.

일본의 전통
깊은 처마가 여름의 햇볕을 막아 생활의 편의를 높여준다. 처마 밑은 날씨와 상관없이 사용할 수 있는 데크로 되어 있으며 생활동선으로도 활약한다.

1F
1:200

모두가 사용하도록
휠체어를 탄 채 신발이나 외투를 꺼낼 수 있는 수납공간은 다른 가족들이 사용하기에도 편리하다.

비에 젖지 않는다
차고에서 현관까지의 슬로프 진입로. 차양이 설치되어 있으므로 비에 젖지 않고 휠체어를 탄 채 이동할 수 있다.

부지 면적 853.36m²
연면적 162.52m²

땅의 조건
가변성
채광
타인과의 관계
차경
동선
손님
프라이버시
수납
특수한 방
다세대
일대

197

096
평등하게 행복한 2세대 주택

실내에서 이어지는 2세대 주택. 현관을 제외하면 욕실까지 분리하여 프라이버시를 지키는 한편, 내부 계단으로 오가는 동선도 갖추었다. 주위의 건물 배치를 고려해 밝고 바람이 잘 통하는 공간을 확보했다.

생활 소음이 신경 쓰이는 욕실은 아래위층으로 가까운 위치에 배치했고 가사동선을 간소화하고 수납 공간을 확충했다. 2세대 주택에서 흔히 생기는, 어느 한 집이 참아야 하는 일이 없도록 배려했다.

제반 조건
가족 구성: 자녀 세대(부부 + 아이 1명) + 부모 세대(부모)
부지 조건: 부지 면적 424.26m²
        건폐율 60% 용적률 200%
        도로와 3m 접해 있으며, 안쪽으로 넓어지는 부채꼴 모양

건축주의 요구 사항
- 욕실 등은 2세대 각각으로
- 두 세대가 실내에서 왕래할 수 있는 동선을 확보
- 부모 세대의 침실은 각각
- 기존 가옥의 재료 중 일부를 재활용하면 좋겠다

✕ 두 세대 모두 답답한 플랜

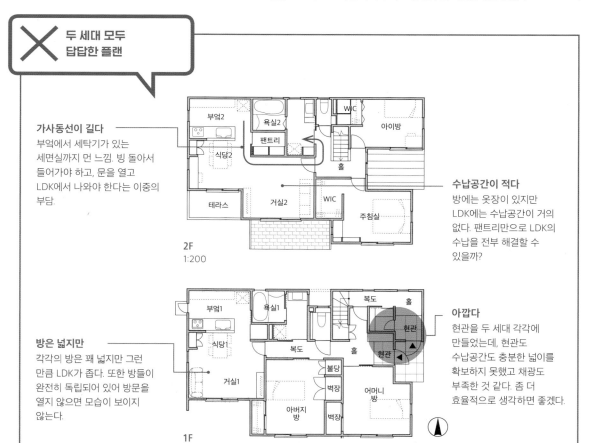

가사동선이 길다
부엌에서 세탁기가 있는 세면실까지 먼 느낌. 빙 돌아서 들어가야 하고, 문을 열고 LDK에서 나와야 한다는 이중의 부담.

수납공간이 적다
방에는 옷장이 있지만 LDK에는 수납공간이 거의 없다. 팬트리만으로 LDK의 수납을 전부 해결할 수 있을까?

2F
1:200

방은 넓지만
각각의 방은 꽤 넓지만 그런 만큼 LDK가 좁다. 또한 방들이 완전히 독립되어 있어 방문을 열지 않으면 모습이 보이지 않는다.

아깝다
현관을 두 세대 각각에 만들었는데, 현관도 수납공간도 충분한 넓이를 확보하지 못했고 채광도 부족한 것 같다. 좀 더 효율적으로 생각하면 좋겠다.

1F
1:200

현관을 공유해
면적을 효과적으로 사용

공용 현관. 오른쪽으로
올라가면 2층으로. 왼쪽은
1층 부모 세대로 이어진다.

뒷동선을 만들다
팬트리에서 세면실로 빠지는
동선을 만들어 가사동선을 짧게.
작은 차이 같지만 매일 하는
일이므로 그 차이는 크다.

넓은 발코니
공원의 벚꽃이 보이는
방향에 널찍한 발코니를
만들어 2층에서도 충분히
외부 공간을 즐길 수 있도록
했다.

다락에 수납
고정 계단으로 올라가는
다락을 만들어 2층 LDK의
수납공간으로 쓴다. 사다리와
고정 계단은 오르내릴 때의
편리성에서 현격한 차이가 난다.

다목적으로 쓰다
아버지의 방은 출입구를 코너
미닫이문으로 만들어 두 쪽
모두 개방할 수 있도록 했다.
개방하면 방과 LDK가 하나가 되어
다목적으로 사용할 수 있다.

현관에서 갈라지다
현관문은 1개이지만 홀은
2방향으로 만들어 각각 1층과
2층으로 향한다. 현관 수납공간도
함께 쓰지만 충분히 넓어서
불편하지 않다.

자전거 두는 곳도
현관을 축소한 만큼 큰 차양을
설치해 비에 젖지 않는 자전거
보관 장소로 요긴하다.

바깥을 즐기다
거실 앞 테라스의 가림벽을
없애 거실에서 시야가
트이도록 했다. 이쪽 방향에
벚꽃이 보이는 공원이 있어
전망을 즐길 수 있다.

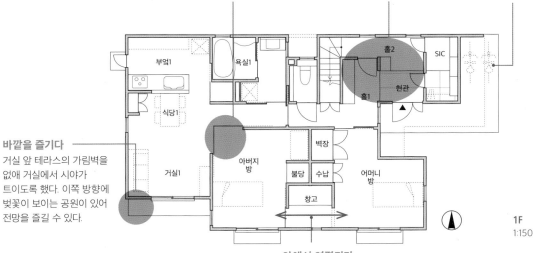

안에서 연결되다
2개의 방을 창고로 연결했다. 평소에는
닫아두지만 서로의 모습을 들여다볼 수 있도록
아이디어를 낸 것이다. 수납공간을 확보하면서
서로의 인기척을 느낄 수 있다.

부지 면적 424.26m²
연면적 162.39m²

땅의 조건 | 가변성 | 채광 | 타인과의 관계 | 차경 | 동선 | 손님 | 프라이버시 | 수납 | 특수한 방 | 다세대 | 임대

나란히 놓고 비교하는

좋은 평면 나쁜 평면

더 하우스 엮음/ 박승희 옮김

초판 1쇄 인쇄	2019년 10월 25일
초판 1쇄 발행	2019년 11월 1일

발행처	도서출판 마티
출판등록	2005년 4월 13일
등록번호	제2005-22호
발행인	정희경
편집장	박정현
편집	서성진, 조은
마케팅	최정이
디자인	스튜디오에이비

주소	서울시 마포구 잔다리로 127-1, 레이즈빌딩 8층 (03997)
전화	02. 333. 3110
팩스	02. 333. 3169
이메일	matibook@naver.com
홈페이지	matibooks.com
인스타그램	matibooks
트위터	twitter.com/matibook
페이스북	facebook.com/matibooks

ISBN	979-11-86000-93-9 (13540)

이 도서의 국립중앙도서관 출판예정도서목록(CIP)은 서지정보유통지원시스템 홈페이지
(http://seoji.nl.go.kr)와 국가자료종합목록 구축시스템(http://kolis-net.nl.go.kr)에서 이용하실 수 있습니다.
(CIP제어번호 : CIP2019039036)